高校无人机应用技术专业新形态系列教材

无人机大比例尺地形图三维采集

操作教程

（活页式）

主　编　谭　詹

副主编　师维娟　张　蕊　任　玖　杨　亮
　　　　冯文强　张雯雯

参　编　乔燕燕　胡澄宇　白　璇　周小莉
　　　　曾繁如　韩沙鸥　刘　凯　刘　颖

课程思政　　　　活页式　　　　新形态

课件　　　　　微课　　　　校企合作

西南交通大学出版社

·成　都·

图书在版编目（CIP）数据

无人机大比例尺地形图三维采集操作教程：活页式 / 谭詹主编. —成都：西南交通大学出版社，2023.2
高校无人机应用技术专业新形态系列教材
ISBN 978-7-5643-9177-5

Ⅰ. ①无… Ⅱ. ①谭… Ⅲ. ①无人驾驶飞机 – 航空摄影测量 – 高等学校 – 教材 Ⅳ. ①P231

中国国家版本馆 CIP 数据核字（2023）第 029083 号

高校无人机应用技术专业新形态系列教材

Wurenji Da Bilichi Dixingtu Sanwei Caiji Caozuo Jiaocheng（Huoyeshi）

无人机大比例尺地形图三维采集操作教程（活页式）

主　编	谭　詹	
责任编辑	姜锡伟	
封面设计	吴　兵	
出版发行	西南交通大学出版社	
	（四川省成都市金牛区二环路北一段 111 号	
	西南交通大学创新大厦 21 楼）	
邮政编码	610031	
发行部电话	028-87600564　028-87600533	
网址	http://www.xnjdcbs.com	
印刷	四川玖艺呈现印刷有限公司	
成品尺寸	185 mm×260 mm	
印张	7	
字数	160 千	
版次	2023 年 2 月第 1 版	
印次	2023 年 2 月第 1 次	
书号	ISBN 978-7-5643-9177-5	
定价	25.00 元	

高校无人机应用技术专业新形态系列教材
编写委员会

李　恒	成都航空职业技术学院	李林峰	成都纵横大鹏无人机科技有限公司
李　艳	成都航空职业技术学院	李宜康	成都航空职业技术学院
李懿珂	成都纵横大鹏无人机科技有限公司	李志鹏	中航（成都）无人机系统股份有限公司
李志昪	成都航空职业技术学院	廖开俊	中国人民解放军空军第一航空学院
刘　驰	四川航天中天动力装备有限责任公司	刘　夯	成都纵横大鹏无人机科技有限公司
刘佳嘉	中国民用航空飞行学院	刘　健	山西机电职业技术学院
刘　静	重庆科创职业学院	刘明鑫	成都航空职业技术学院
刘　霞	重庆航天职业技术学院	马云峰	成都纵横大鹏无人机科技有限公司
梅　丹	中国人民解放军海军工程大学	牟如强	成都理工大学工程技术学院
潘率诚	西华大学	屈仁飞	成都西南交大研究院有限公司
瞿胡敏	四川傲势科技有限公司	任　勇	重庆电子工程职业学院
沈　挺	重庆交通大学	宋　勇	四川航天中天动力装备有限责任公司
唐　斌	成都航空职业技术学院	田　园	成都航空职业技术学院
王　聪	成都航空职业技术学院	王国汁	中航（成都）无人机系统股份有限公司
王　进	成都纵横大鹏无人机科技有限公司	王朋飞	西安航空职业技术学院
王　强	成都航空职业技术学院	王泉川	中国民用航空飞行学院
王思源	成都航空职业技术学院	王文敬	中国民用航空飞行学院
王　旭	成都航空职业技术学院	王　洵	成都航空职业技术学院
魏春晓	成都航空职业技术学院	吴　可	重庆交通大学
吴　爽	中航（成都）无人机系统股份有限公司	谢燕梅	成都航空职业技术学院
邢海涛	云南林业职业技术学院	熊　斌	重庆交通大学
徐凤磊	中国人民解放军海军工程大学	许开冲	成都纵横自动化技术股份有限公司
闫俊岭	重庆科创职业学院	严向峰	成都航空职业技术学院
杨　芳	成都航空职业技术学院	杨谨源	中航教育科技（天津）有限公司
杨　琴	成都理工大学工程技术学院	杨　锐	成都纵横自动化技术股份有限公司
杨少艳	成都航空职业技术学院	杨　雄	重庆航天职业技术学院
杨　雪	成都航空职业技术学院	姚慧敏	成都航空职业技术学院
尹子栋	成都航空职业技术学院	游　玺	成都纵横大鹏无人机科技有限公司
张　捷	贵州交通技师学院	张　梅	成都农业科技职业学院
张　松	四川零坐标勘察设计有限公司	张惟斌	西华大学
张　伟	成都纵横大鹏无人机科技有限公司	赵　军	重庆电子工程职业学院
郑才国	成都理工大学工程技术学院	周　彬	重庆电子工程职业学院
周佳欣	成都航空职业技术学院	周仁建	成都航空职业技术学院
邹晓东	中航（成都）无人机系统股份有限公司		

前言
PREFACE

　　随着测绘技术的不断发展，测绘作业方式已由地面人员密集型数据采集方式向空中高效率、自动化采集方式转变。利用无人机搭载传感器进行地面数据采集以其成本低、作业效率高、数据成果丰富多样的特点，已成为目前我国测绘企业主流的作业方式。为适应新技术发展要求，满足企业对人员新的技术要求，利用无人机进行测绘技术教学基本已经融入所有测绘类专业中。2021年，教育部新增加"无人机测绘技术"专业，由此可见无人机在测绘技术中的重要地位，同时也推进了该专业课程的教材建设。

　　本教材紧扣无人机测绘技术专业培养目标，采用项目化形式编写，利用典型案例贯穿全书，以4个项目为载体、常见的三维模型为素材、大比例尺地形图要素采集为任务，每个项目下有多个任务和子任务，每个任务包含项目任务单、实践操作单、任务评价单和教学反馈单。项目任务单提出工作内容、能力目标、思政目标、学时安排以及对学生的要求和促成目标的参考资料；实践操作单涉及多个子任务，包含任务目标、模型要素的采集方法、采集示意图、采集视频和完成该子任务的实施评价；任务评价单对完成的各子任务通过学生自评、组内评价和教师评价进行综合评价，最后形成该任务的总成绩和总评情况；教学反馈单可以促使学生对完成任务情况进行反思，反馈学习中的疑难点以及对本次任务的改进意见，教师在下次课程教学中解答学生疑难点。

　　4个项目里每个任务都包含能力目标和思政目标，思政元素不仅体现在教材的目标要求里，还融入配套的电子教学资源实践操作中，充分体现了技能与思政的融合教学。每一个项目都是一项综合性的学习任务，也是一个完整的工作过程，既包含完成学习任务需要的方法，又能通过实施多样化的行动过程展开教学，使学生在获取知识、发展专业能力的同时提高解决问题的能力、自学能力、创新能力和综合应用能力，培养严谨细致的大国工匠精神和赤诚的爱国情怀。

本教材由校企人员共同编写完成，谭詹负责策划、组织编写；师维娟、杨亮、乔燕燕、张雯雯负责编写项目1；张蕊、师维娟、冯文强、张雯雯负责编写项目2；谭詹、任玖负责编写项目3；杨亮、乔燕燕、谭詹、任玖负责编写项目4。感谢胡澄宇、周小莉、曾繁如、韩沙鸥、刘凯和刘颖等参与教材的部分工作，感谢"重庆测绘地理信息职业教育集团规划教材建设"的经费支持。

谭 詹

2022 年 11 月

于四川水利职业技术学院

目 录

CONTENTS

项目 1　三维测图基础 ································· 1

1.1　EPS 基本绘图编辑 ····························· 1

1.2　CASS 3D 基本绘图编辑 ······················ 7

1.3　SV365 基本绘图编辑 ························· 12

项目 2　无人机大比例尺地形图三维采集 ············ 17

2.1　交通要素采集 ····························· 17

2.2　水系要素采集 ····························· 28

2.3　居民地及设施要素采集 ······················ 38

2.4　管线要素采集 ····························· 53

2.5　地貌要素采集 ····························· 63

2.6　植被与土质采集 ··························· 70

2.7　注记添加 ······························· 80

项目 3　数据检查与输出 ······················· 85

3.1　数据检查 ······························· 85

3.2　数据输出 ······························· 91

项目 4　无人机大比例尺地形图三维采集案例 ········· 95

4.1　案例实施项目任务 ························· 95

4.2　案例实施实践操作 ························· 96

4.3　案例实施任务评价 ························· 99

4.4　案例实施教学反馈 ························ 100

参考文献 ···································· 101

项目 1　三维测图基础

1.1　EPS 基本绘图编辑

　　EPS 三维测图系统是北京山维科技股份有限公司基于 EPS 地理信息工作站研发的自主版权产品，是一款较好用的航测成图软件，支持垂直摄影测图、倾斜摄影测图和激光点云测图三种测图方式，其地形要素编码支持导出 CASS 图式，是软件本身的一大优势。系统支持大数据浏览以及高效采编建库一体化的三维测图，直接对接不动产、地理国情、常规测绘、管网测量、智慧城市等专业应用解决方案等。

　　1）软件界面（图 1-1、图 1-2）

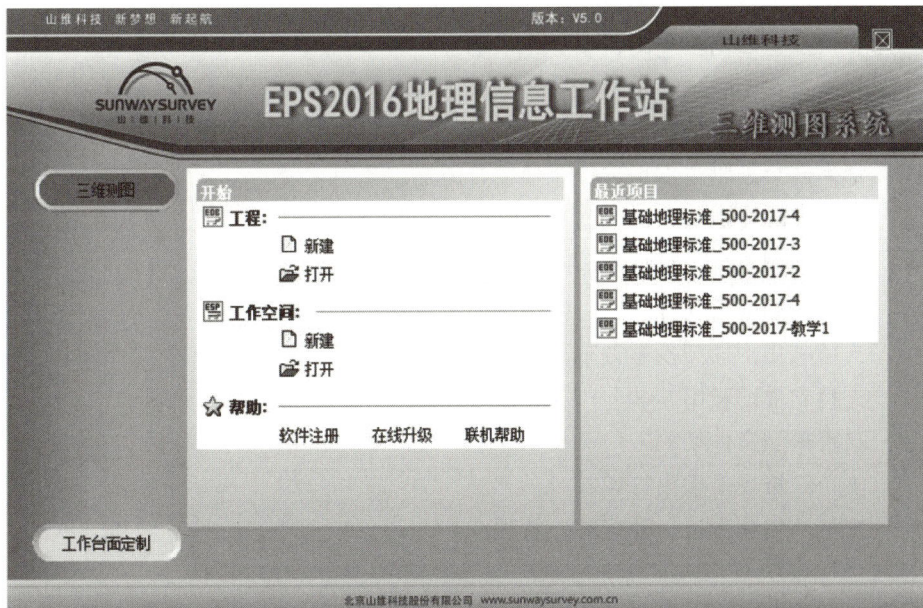

图 1-1　EPS 地理信息工作站软件启动界面

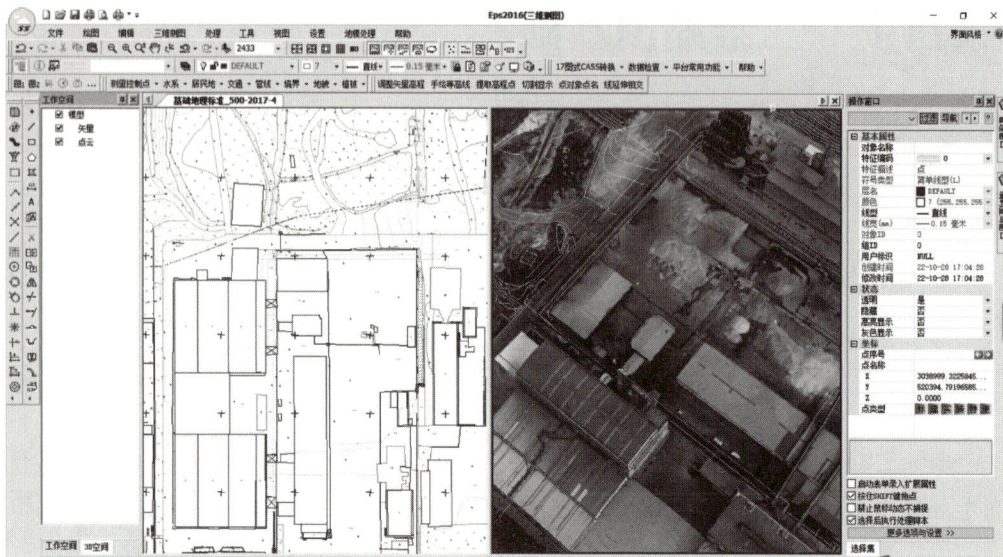

图 1-2　EPS 地理信息工作站软件启动实操界面

2）软件功能（EPS5.0）

✓　支持直接调用倾斜摄影生成的模型；

✓　支持海量数据快速浏览；

✓　支持多窗口同步测图、二三维联动；

✓　支持二三维采编建库一体化，实现信息化与动态符号化；

✓　三维采、编、质检与平台二维功能一致，并提供直观的三维专用功能；

✓　提供所采地物根据指定位置快速升降高程信息；

✓　支持透视投影与正射投影切换；

✓　支持模型裁剪去除植物与高楼；

✓　支持轮廓线自动提取；

✓　支持利用剖面与投影方式采集立面图；

✓　支持立面图输出；

✓　支持模型文件切割；

✓　支持三维场景输出打印；

✓　支持网络化生态，数据统一管理；

✓　……

1.1.1 EPS 基本绘图编辑项目任务

项目 1	三维测图基础		
任务 1.1	EPS 基本绘图编辑	**学时**	6 学时
工作内容	初识 EPS，在 EPS 中进行数据加载、基本绘图编辑及数据输出操作。		
能力目标	1. 熟悉 EPS 的操作界面。 2. 掌握 EPS 三维测图流程。 3. 掌握 EPS 基本绘图基础。		
思政目标	1. 培养学生的民族自豪感。 2. 培养学生严谨、勤奋的工匠精神。		
学时安排	采集准备 40 min	实践操作 160 min	采集评价 40 min
对学生的要求	1. 在实训中熟悉工作任务单和教学实践操作技能。 2. 按时、按量完成规定的实训任务。 3. 实训室应保持肃静，组员间沟通讨论应注意控制音量，不得谈笑喧哗，不得影响他人学习或讨论。 4. 在实训过程中，如有疑问应先举手示意，向实训教师询问。不得抄袭他人的实训成果，否则将严肃处理。 5. 每天安排值日生负责打扫机房、实训室，保持室内整洁，注意下课时关闭电源、门窗。		
参考资料	1.《国家基本比例尺地图图式 第 1 部分：1：500 1：1000 1：2000 地形图图式》(GB/T 20257.1—2017)。 2.《EPS 三维测图系统（倾斜摄影）快速入门手册》。 3.《1：500 1：1000 1：2000 地形图航空摄影测量内业规范》(GB/T 7930—2008)。 4. 其他无人机及测绘规范文件。		

1.1.2 EPS 基本绘图编辑实践操作

实践操作单

项目 1	三维测图基础
任务 1.1	EPS 基本绘图编辑
任务目标	1. 熟悉 EPS 界面及菜单。 2. 掌握 EPS 三维测图模型数据的转换与加载。 3. 掌握 EPS 基本绘图编辑。
实践操作	
操作流程	操作方法与实操视频
模型加载	启动 EPS 软件，新建工程文件，在菜单"三维测图"下选择"osgb 数据转换"，在打开的对话框中选择"瓦片数据"和 metadata.xml 文件，将数据转换生成后缀为 DSM 的实景倾斜模型；再在菜单"三维测图"下选择"加载本地倾斜模型"，加载三维模型。 EPS 模型加载
基本绘图编辑	1. 绘图工具： 2. 基本编辑工具： 3. 快捷键的使用与设置： （1）二维窗口快捷键； （2）三维窗口快捷键。 4. 调用属性编码。 EPS 绘图工具 EPS 基本编辑工具 EPS 快捷键
数据输出	绘制完数据后，可将数据输出为 CASS9 格式、DWG 格式、MDB 格式及 SHP 格式等。在"数据转换"下选择 CASS9 输出，在弹出的对话框中选择输出范围，设置保存类型、路径和文件名称。
实施评价	班级 第（ ）组 组长签字 教师签字 日期 评语：

1.1.3 EPS 基本绘图编辑任务评价

任务评价单

项目 1	三维测图基础		
任务 1.1	EPS 基本绘图编辑		
工作内容	初识 EPS，在 EPS 中进行模型加载、地形绘制及数据输出操作。		
评分内容	分值	学生自评	组内评价	教师评价
模型加载				
基本绘图编辑				
数据输出				
成绩		学生签名		

总评	班级		第（ ）组	组长签字	
	教师签字		日期		
	评语：				

1.1.4 EPS 基本绘图编辑教学反馈

教学反馈单

项目 1	三维测图基础	
任务 1.1	EPS 基本绘图编辑	
工作内容	初识 EPS，在 EPS 中进行数据加载、基本绘图编辑及数据输出操作。	
反馈内容	序号	疑难点
	1	
	2	
	3	
	4	
	5	
	6	
您对本次课程教学的改进意见		
反馈人姓名	反馈日期	

1.2　CASS 3D 基本绘图编辑

CASS 3D（南方三维立体数据采集软件）是由广东南方数码科技有限公司自主研发的挂接式安装至 CASS（南方地形地籍成图软件）下的插件式软件。CASS 3D 支持 CASS 环境下倾斜三维的加载与浏览，支持三维模型直接采集、补测 DLG 数据。

1）软件界面（图 1-3）

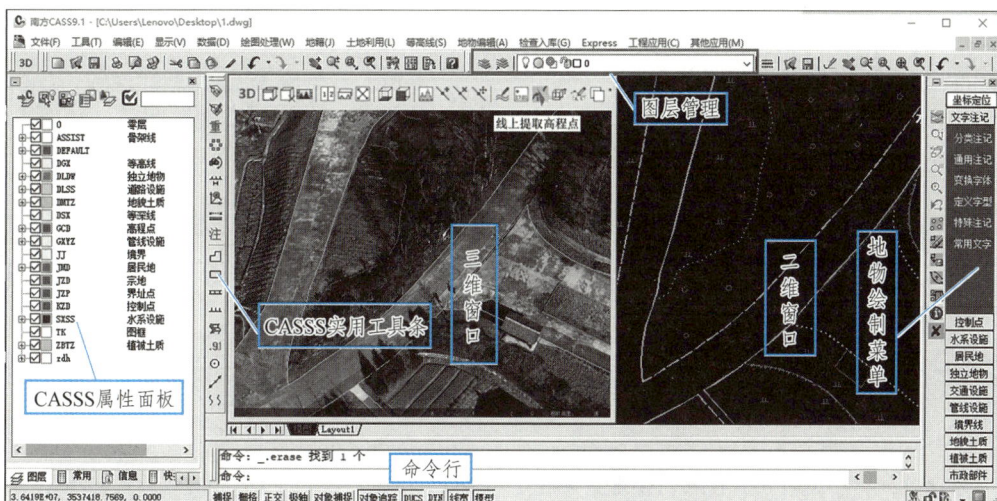

图 1-3　CASS 3D 软件界面

2）软件功能

✓　生成 DSM；

✓　2D 和 3D 绘制模式切换；

✓　批量生成高程点，便捷绘制等高线；

✓　多种房屋采集方式，快速采集房屋附属；

✓　直角绘图、重定向；

✓　捕捉高程；

✓　二三维捕捉快捷键；

✓　……

1.2.1 CASS 3D 基本绘图编辑项目任务

项目任务单

项目 1	三维测图基础		
任务 1.2	CASS 3D 基本绘图编辑	学时	6 学时
工作内容	初识 CASS 3D，在 CASS 3D 中进行数据加载、地形绘制及数据输出操作。		
能力目标	1. 熟悉 CASS 3D 的操作界面。 2. 掌握 CASS 3D 三维测图流程。 3. 掌握 CASS 3D 基本绘图基础。		
思政目标	1. 培养学生的民族自豪感。 2. 培养学生严谨、求是、勤奋的工匠精神。 3. 培养学生严格遵守国家规范要求的意识。		
学时安排	采集准备 40 min	实践操作 160 min	采集评价 40 min
对学生的要求	1. 在实训中熟悉工作任务单和教学实践操作技能。 2. 按时、按量完成规定的实训任务。 3. 实训室应保持肃静，组员间沟通讨论应注意控制音量，不得谈笑喧哗，不得影响他人学习或讨论。 4. 在实训过程中，如有疑问应先举手示意，向实训教师询问。不得抄袭他人的实训成果，否则将严肃处理。 5. 每天安排值日生负责打扫机房、实训室，保持室内整洁，注意下课时关闭电源、门窗。		
参考资料	1.《国家基本比例尺地图图式　第 1 部分：1∶500　1∶1000　1∶2000 地形图图式》(GB/T 20257.1—2017)。 2.《CASS 3D 用户手册》。 3.《1∶500　1∶1000　1∶2000 地形图航空摄影测量内业规范》(GB/T 7930—2008)。 4. 其他无人机及测绘规范文件。		

1.2.2 CASS 3D 基本绘图编辑实践操作

实践操作单

项目 1	三维测图基础
任务 1.2	CASS 3D 基本绘图编辑
任务目标	1. 熟悉 CASS 3D 界面及菜单。 2. 掌握 CASS 3D 三维测图操作流程。 3. 掌握 CASS 3D 基本绘图基础。

实践操作	
操作流程	操作方法与实操视频
模型加载	单击工具栏中的"3D"图标，在打开的对话框中选择 metadata.xml 文件，加载三维模型。 CASS 3D 模型加载
地形绘制	三维采集应根据采集要素的类别，在地物绘制菜单中选择相应符号进行采集，例如小路，应在地物绘制菜单中依次点击"交通设施"→"乡村道路"→"小路"。单击"确定"按钮，开始采集，采集过程中应按照规范要求切合小路中心线进行采集，采集完成后，点击回车确认，依据命令行提示，输入所需命令，即可完成绘制。 CASS 3D 地形绘制
地形图输出	地形图输出包括单个图幅输出和批量图幅输出。相关命令均在"绘图处理"菜单下。例如标准图幅（50 cm×40 cm）输出过程为点击"绘图处理"→"标准图幅（50 cm×40 cm）"，打开图幅整饰对话框，设置图名、附注、接图表等信息，输入左下角坐标，可点击"图面拾取"图标直接在图上拾取坐标，点击"确认"按钮即可完成输出。 CASS 3D 地形图输出

实施评价	班级		第（ ）组	组长签字	
	教师签字		日期		
	评语：				

1.2.3 CASS 3D 基本绘图编辑任务评价

任务评价单

项目 1	三维测图基础		
任务 1.2	CASS 3D 基本绘图编辑		
工作内容	初识 CASS 3D，在 CASS 3D 中进行模型加载、地形绘制及数据输出操作。		
评分内容	分值	学生 自评	组内 评价	教师 评价
模型加载				
地形绘制				
地形图输出				
成绩		学生签名		

	班级		第（ ）组	组长 签字	
	教师 签字		日 期		
总评	评语：				

1.2.4　CASS 3D 基本绘图编辑教学反馈

教学反馈单

项目 1	三维测图基础	
任务 1.2	CASS 3D 基本绘图编辑	
工作内容	初识 CASS 3D，在 CASS 3D 中进行模型加载、地形绘制及数据输出操作。	
反馈内容	序号	疑难点
	1	
	2	
	3	
	4	
	5	
您对本次课程教学的改进意见是		
反馈人姓名		反馈日期

1.3　SV365 基本绘图编辑

"SV365 智能三维测绘系统"是在"SV360 智能三维测绘系统"基础上升级的三维测图系统。该系统是按照地理信息数据"采集、编辑和建库"一体化的生产流程，基于多版本 AutoCAD、国产 CAD 平台开发的新一代测绘系统。系统支持三维模型测图、照片测图、正射模型测图、点云测图、正射影像测图和全站仪测图等多种成图方式，集成了坐标系统、地形处理、立面图测绘、图像处理、数字地模、无人机辅助、不动产调查、农业普查、部件普查和数据转换等专业测绘模块。

1）软件界面

SV365 软件界面包含工作空间、三维窗口、二维窗口、绘图面板、菜单栏，如图1-4 所示。

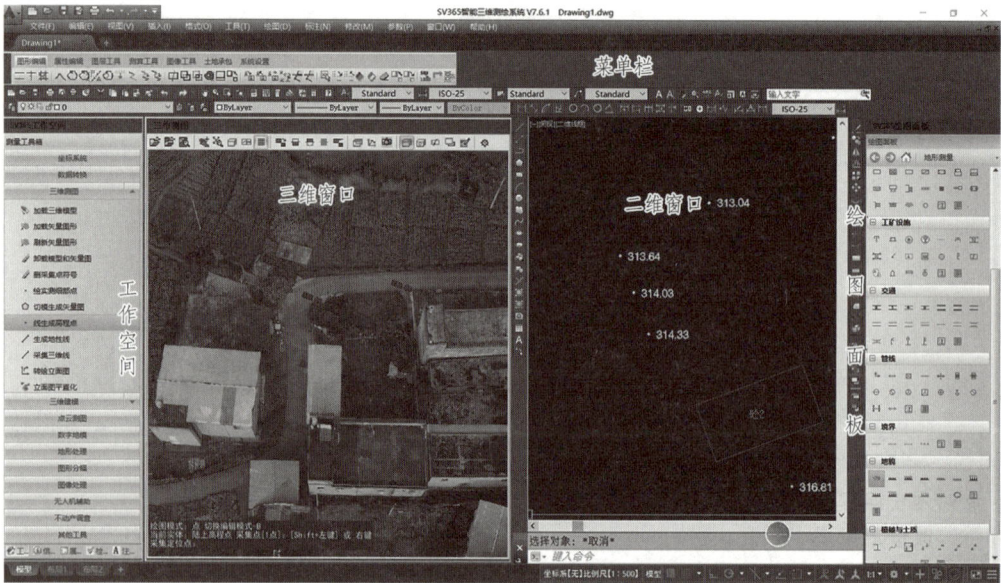

图 1-4　SV365 软件界面

2）软件功能

- ✓　三维地形采集；
- ✓　二维和三维绘制模式切换；
- ✓　房屋多元化采集方式，快速采集房屋附属；
- ✓　图像处理；
- ✓　点云测图；
- ✓　数据库建立与入库；
- ✓　……

1.3.1　SV365 基本绘图编辑项目任务

项目任务单

项目 1	三维测图基础		
任务 1.3	SV365 基本绘图编辑	**学时**	6 学时
工作内容	初识 SV365，在 SV365 中进行模型加载、地形绘制及数据输出操作。		
能力目标	1. 熟悉 SV365 的操作界面。 2. 掌握 SV365 三维测图流程。 3. 掌握 SV365 基本绘图基础。		
思政目标	1. 培养学生的民族自豪感。 2. 培养学生严谨、求是、勤奋的工匠精神。 3. 培养学生严格遵守国家规范要求的意识。		
学时安排	采集准备 40 min	实践操作 160 min	采集评价 40 min
对学生的要求	1. 在实训中熟悉工作任务单和教学实践操作技能。 2. 按时、按量完成规定的实训任务。 3. 实训室应保持肃静,组员间沟通讨论应注意控制音量,不得谈笑喧哗,不得影响他人学习或讨论。 4. 在实训过程中,如有疑问应先举手示意,向实训教师询问。不得抄袭他人的实训成果,否则将严肃处理。 5. 每天安排值日生负责打扫机房、实训室,保持室内整洁,注意下课时关闭电源、门窗。		
参考资料	1.《国家基本比例尺地图图式　第 1 部分：1∶500　1∶1000　1∶2000 地形图图式》(GB/T 20257.1—2017)。 2.《SV365 实用手册》。 3.《1∶500　1∶1000　1∶2000 地形图航空摄影测量内业规范》(GB/T 7930—2008)。 4. 其他无人机及测绘规范文件。		

1.3.2　SV365 基本绘图编辑实践操作

实践操作单

项目 1	三维测图基础
任务 1.3	SV365 基本绘图编辑
任务目标	1. 熟悉 SV365 界面及菜单。 2. 掌握 SV365 三维测图操作流程。 3. 掌握 SV365 基本绘图基础。
实践操作	
操作流程	**操作方法与实操视频**
模型加载	点击"三维测图",设置测图比例尺,加载三维模型,在打开的对话框中选择 metadata.xml 文件(支持 *osgb、*3ds、*obj、*ive、*dae 等格式数据),加载三维模型。 SV365 模型加载
绘图工具	1. 常用操作窗口: 工具 | 信息 | 属性 | 检查 | A 注记 2. 常用工具条: 图形编辑　属性编辑　图层工具　测算工具　图像工具 3. 常用快捷键的使用。 SV365 绘图工具
数据输出	图形绘制完成后通过数据转换(SV365 转南方 CASS)即可导出成果,同时可导出 SHP、EDB、KML、DWG 格式的数据。 SV365 数据输出
实施评价	班级　　　　　　第( )组　　组长签字 教师签字　　　　　日期 评语:

1.3.3　SV365 基本绘图编辑任务评价

任务评价单

项目 1	三维测图基础		
任务 1.3	SV365 基本绘图编辑		
工作内容	初识 SV365，在 SV365 中进行模型加载、地形绘制及数据输出操作。		
评分内容	分值	学生 自评	组内 评价	教师 评价
模型加载				
地形绘制				
数据输出				
成绩		学生签名		

总评	班级		第（　）组	组长签字	
	教师 签字		日期		
	评语：				

1.3.4　SV365 基本绘图编辑教学反馈

教学反馈单

项目 1	三维测图基础	
任务 1.3	SV365 基本绘图编辑	
工作内容	初识 SV365，在 SV365 中进行模型加载、地形绘制及数据输出操作。	
反馈内容	序号	疑难点
	1	
	2	
	3	
	4	
	5	
您对本次课程教学的改进意见		
反馈人姓名	反馈日期	

项目 2　无人机大比例尺地形图三维采集

2.1　交通要素采集

2.1.1　交通要素采集项目任务

项目任务单

项目 2	无人机大比例尺地形图三维采集		
任务 2.1	交通要素采集	学时	6 学时
工作内容	等级公路、机耕路、乡村路、小路、内部道路、桥梁及交通附属等要素采集。		
能力目标	1. 学会在三维模型上识别各类交通要素。 2. 熟练掌握在三维测图平台上对各类交通要素进行采集的方法。 3. 要求在规定学时内完成任务。		
思政目标	1. 培养学生严谨、求是和勤奋的工匠精神。 2. 培养学生能独立分析解决任务的能力。 3. 培养学生严格遵守国家规范要求的意识。		
学时安排	采集准备 40 min	实践操作 160 min	采集评价 40 min
对学生的要求	1. 在实训中熟悉工作任务单和教学实践操作技能。 2. 按时、按量完成规定的实训任务。 3. 实训室应保持肃静，组员间沟通讨论应注意控制音量，不得谈笑喧哗，不得影响他人学习或讨论。 4. 在实训过程中，如有疑问先举手示意，向实训教师询问。不得抄袭他人的实训成果，否则将严肃处理。 5. 每天安排值日生负责打扫机房、实训室，保持室内整洁，注意下课时关闭电源、门窗。		
参考资料	1.《国家基本比例尺地图图式　第 1 部分：1：500　1：1000　1：2000 地形图图式》（GB/T 20257.1—2017）。 2.《EPS 三维测图系统（倾斜摄影）快速入门手册》。 3.《1：500　1：1000　1：2000 地形图航空摄影测量内业规范》（GB/T 7930—2008）。 4. 其他无人机及测绘规范文件。		

2.1.2 交通要素采集实践操作

等级公路三维采集单

项目2	无人机大比例尺地形图三维采集
任务2.1	交通要素采集
子任务2.1.1	等级公路三维采集
任务目标	1. 掌握三维模型中各类等级公路及附属设施要素模型特征。 2. 熟练掌握在三维测图平台上对各类等级公路及附属设施要素进行采集的方法。

实践操作	
采集要素	采集方法与实操视频
等级公路	在采集平台交通线中选择"国(省、县)道建成边线",切合模型中道路的路面沿道路最外围边线采集,可采集一条边线,采用"结束时生成平行线"的功能,同时生成另外一条边线。采集路肩线时,在交通线中选择"国(省、县)道路肩",按要求表示;采集结束后,按要求加注等级公路技术等级、行政代号及编码。 等级公路
采集示意图	① (G93)

实施评价	班级		第( )组	组长签字	
	教师签字		日期		
	评语:				

机耕路三维采集单

项目 2	无人机大比例尺地形图三维采集
任务 2.1	交通要素采集
子任务 2.1.2	机耕路三维采集
任务目标	1. 掌握三维模型中机耕路要素模型特征。 2. 熟练掌握在三维测图平台上对机耕路要素进行采集的方法。

	实践操作
采集要素	采集方法与实操视频
机耕路	在采集平台交通线中选择"机耕路边线实（虚）线"切合模型中路面边线按平行线方式采集，最后可在局部修改。机耕路的宽度依比例尺测绘，若实地宽窄不一，且变化频繁，图上可取中等宽度绘成平行线；一般遵循"上虚下实、左虚右实，位置关系变化处变换虚实"的原则表示。采集结束后，加注路面铺装材料。 机耕路
采集示意图	砖 砖2 砖 水 284.16 泥

	班级		第（ ）组	组长签字	
	教师签字		日期		
实施评价	评语：				

乡村路三维采集单

项目 2	无人机大比例尺地形图三维采集
任务 2.1	交通要素采集
子任务 2.1.3	乡村路三维采集
任务目标	1. 掌握三维模型中乡村路要素模型特征。 2. 熟练掌握在三维测图平台上对乡村路要素进行采集的方法。
实践操作	
采集要素	采集方法与实操视频
乡村路	依比例尺进行乡村路采集时，在采集平台交通线中选择"乡村路边线实（虚）线"切合模型中路面边线按平行线方式采集，最后可在局部修改。一般虚线绘在光辉部，实线绘在阴影部。采集结束后，加注路面铺装材料。图上宽度小于 0.7 mm 时，用不依比例尺的符号表示。不依比例尺表示时，在采集平台交通线中选择"不依比例尺乡村路"切合模型中路面边线采集。
采集示意图	

实施评价	班级		第（　）组	组长签字	
	教师签字		日期		
	评语：				

小路三维采集单

项目 2	无人机大比例尺地形图三维采集
任务 2.1	交通要素采集
子任务 2.1.4	小路三维采集
任务目标	1. 掌握三维模型中小路要素模型特征。 2. 熟练掌握在三维测图平台上对小路要素进行采集的方法。

实践操作	
采集要素	采集方法与实操视频
小路	在采集平台交通线中选择"小路"切合模型中路面中心线采集。采集小路时，要注意路和路之间都是有衔接的，不要无故断开，不能画出一条完全孤立的路，小路两端都要有目标地物，如居民地、公路、田块等。 小路
采集示意图	

	班级		第（ ）组	组长签字	
实施评价	教师签字		日期		
	评语：				

内部道路三维采集单

项目 2	无人机大比例尺地形图三维采集		
任务 2.1	交通要素采集		
子任务 2.1.5	内部道路三维采集		
任务目标	1. 掌握三维模型中内部道路要素模型特征。 2. 熟练掌握在三维测图平台上对内部道路要素进行采集的方法。		
实践操作			
采集要素	**采集方法与实操视频**		
内部道路	在采集平台交通线中选择"内部道路边线",切合模型中内部道路边线采集。采集过程中注意,在一个较大封闭区域内部的道路才可以采集,内部道路不能出院墙,画到门墩位置即可。		
采集示意图			
实施评价	班级		第( )组	组长签字	
	教师签字		日期		
	评语:				

桥梁要素三维采集单

项目 2	无人机大比例尺地形图三维采集
任务 2.1	交通要素采集
子任务 2.1.6	桥梁要素三维采集
任务目标	1. 掌握三维模型中桥梁要素模型特征。 2. 熟练掌握在三维测图平台上对桥梁要素进行采集的方法。
实践操作	
采集要素	采集方法与实操视频
桥梁	桥梁中的车行桥指跨越水面、沟壑或道路等，供车辆通行的架空通道，分单层桥、铁路公路两用的双层桥和铁路公路并行的桥梁。桥梁应加注建筑材料，如"钢""砼""石""木"等字，四级以上公路的桥梁应加注载重吨数。 　　以单层桥为例，在采集平台交通面中选择"单层桥"，切合模型沿桥梁两侧端点依次采集，最后点击"C"键闭合结束。采集过程中注意桥梁与沟渠、道路的衔接。 桥梁
采集示意图	砼

实施评价	班级		第（　）组	组长签字	
	教师签字		日期		
	评语：				

停车场三维采集单

项目 2	无人机大比例尺地形图三维采集
任务 2.1	交通要素采集
子任务 2.1.7	停车场三维采集
任务目标	1. 掌握三维模型中停车场要素模型特征。 2. 熟练掌握在三维测图平台上对停车场要素进行采集的方法。

实践操作	
采集要素	采集方法与实操视频
停车场	露天停车场用地类界符号表示车场范围，其内配置符号；面积小于 $25\ m^2$ 的不表示。楼房及地下停车场不表示。 　　在采集平台交通面中选择"停车场"，切合模型沿停车场边沿线依次采集，最后点击"C"键闭合结束。
采集示意图	

	班级		第（　）组	组长签字	
	教师签字		日期		
实施评价	评语：				

交通附属要素三维采集单

项目 2	无人机大比例尺地形图三维采集
任务 2.1	交通要素采集
子任务 2.1.8	交通附属三维采集
任务目标	1. 掌握三维模型中路标、路灯等交通要素模型特征。 2. 熟练掌握在三维测图平台上对路标、路灯等交通要素进行采集的方法。
实践操作	
采集要素	采集方法与实操视频
交通附属	一般采集路标、路灯的底部。在采集平台交通点中选择"路标（路灯）"，在模型中路标的底部采集。
采集示意图	

	班级		第（ ）组	组长签字	
	教师签字		日期		
实施评价	评语：				

2.1.3 交通要素采集任务评价

任务评价单

项目2	无人机大比例尺地形图三维采集			
任务2.1	交通要素采集			
工作内容	等级公路、机耕路、乡村路、小路、内部道路、桥梁及交通附属等要素采集。			
评价内容	分值	学生自评	组内评价	教师评价
等级公路采集				
机耕路采集				
小路采集				
内部道路采集				
桥梁要素采集				
总成绩		学生签名		

总评	班级		第（　）组	组长签字	
	教师签字		日期		
	评语：				

2.1.4 交通要素采集教学反馈

项目 2	无人机大比例尺地形图三维采集	
任务 2.1	交通要素采集	
工作内容	等级公路、机耕路、小路、内部道路和桥梁等要素采集。	
反馈内容	序号	疑难点
	1	
	2	
	3	
	4	
	5	
	6	
您对本次课程教学的改进意见		
反馈人姓名		反馈日期	

2.2 水系要素采集

2.2.1 水系要素采集项目任务

项目任务单

项目 2	无人机大比例尺地形图三维采集		
任务 2.2	水系要素采集	**学时**	6 学时
工作内容	地面河流面、岸滩、湖泊、有坎池塘、沟渠、涵洞、水库、贮水池等水系要素采集。		
能力目标	1. 学会在三维模型上识别各类水系要素。 2. 熟练掌握在三维测图平台上对各类水系要素进行采集的方法； 3. 要求在规定学时内完成任务。		
思政目标	1. 培养学生严谨、细致、精益求精的工匠精神。 2. 培养学生踏实肯干和吃苦耐劳的精神。 3. 培养学生严格遵守国家规范要求的意识。		
学时安排	采集准备 40 min	实践操作 160 min	采集评价 40 min
对学生的要求	1. 在实训中熟悉工作任务单和教学实践操作技能。 2. 按时、按量完成规定的实训任务。 3. 实训室应保持肃静，组员间沟通讨论应注意控制音量，不得谈笑喧哗，不得影响他人学习或讨论。 4. 在实训过程中，如有疑问应先举手示意，向实训教师询问。不得抄袭他人的实训成果，否则将严肃处理。 5. 每天安排值日生负责打扫机房、实训室，保持室内整洁，注意下课时关闭电源、门窗。		
参考资料	1.《国家基本比例尺地图图式 第 1 部分：1：500 1：1000 1：2000 地形图图式》（GB/T 20257.1—2017）。 2.《EPS 三维测图系统（倾斜摄影）快速入门手册》。 3.《1：500 1：1000 1：2000 地形图航空摄影测量内业规范》（GB/T 7930—2008）。 4. 其他无人机及测绘规范文件。		

2.2.2 水系要素采集实践操作

池塘三维采集单

项目2	无人机大比例尺地形图三维采集
任务2.2	水系要素采集
子任务2.2.1	池塘三维采集
任务目标	1. 掌握三维模型中池塘要素模型特征。 2. 熟练掌握在三维测图平台上对池塘要素进行采集的方法。
实践操作	
采集要素	**采集方法与实操视频**
池塘	在采集平台水系面中选择"无坎池塘",根据模型中池塘的实际形状采集水涯边线,结束时点击"C"键闭合;当水涯边线与岸边线平面距离很近时,要用池塘陡边沿岸边线采出,并表示为"有坎池塘",注意坎齿朝向池塘里面。 池塘
采集示意图	

班级		第（ ）组	组长签字	
教师签字		日期		
实施评价	评语:			

地面河流三维采集单

项目 2	无人机大比例尺地形图三维采集
任务 2.2	水系要素采集
子任务 2.2.2	地面河流三维采集
任务目标	1. 掌握三维模型中地面河流要素模型特征。 2. 熟练掌握在三维测图平台上对地面河流要素进行采集的方法。

实践操作	
采集要素	采集方法与实操视频
地面河流	在采集平台水系线中选择"地面河流岸线"，根据模型的实际形状采集水边线，在采集过程中应贴合模型岸边，根据草、树等遮挡的情况需要旋转模型尽量找到河岸，如河岸完全被遮挡，则一般采集到草丛或树的中心位置。河流线走线既要贴合模型又要确保走线平滑，避免出现蚯蚓状情况。 地面河流
采集示意图	

实施评价	班级		第（ ）组	组长签字	
	教师签字		日 期		
	评语：				

岸滩、水中滩三维采集单

项目2	无人机大比例尺地形图三维采集			
任务2.2	水系要素采集			
子任务2.2.3	岸滩、水中滩三维采集			
任务目标	1. 掌握三维模型中岸滩、水中滩要素模型特征。 2. 熟练掌握在三维测图平台上对岸滩、水中滩进行采集的方法。			
实践操作				
采集要素	采集方法与实操视频			
岸滩、水中滩	岸滩是河流、湖泊岸边高水位时被淹没、常水位时露出的沉积沙质、泥质地或砾石块形成的滩地。水中滩是河流、湖泊水库中常水位时被淹没、低水位时露出的沉积沙滩地或砾、泥地形成的滩地。在三维模型中，光标放置于封闭的岸滩、水中滩范围线内部，准确判断岸滩、水中滩中的土质，然后点击"Shift+G"快捷键，选择"砂砾滩"或其他属性即可对封闭区域进行填充。 水中滩			
采集示意图				
实施评价	班级		第（　）组	组长签字	
	教师签字		日期		
	评语：				

沟渠三维采集单

项目 2	无人机大比例尺地形图三维采集
任务 2.2	水系要素采集
子任务 2.2.4	沟渠三维采集
任务目标	1. 掌握三维模型中沟渠要素模型特征。 2. 熟练掌握在三维测图平台上对沟渠要素进行采集的方法。
实践操作	
采集要素	采集方法与实操视频
沟渠	采集单线沟渠时，在采集平台水系线中选择"地面干（支）渠单线"，根据模型中沟渠的实际形状沿沟渠底部中心线采集；采集双线沟渠时，在采集平台水系线中选择"地面干（支）渠边线"，根据模型中沟渠的实际形状沿沟渠顶部边沿分别采集；规则的沟渠可用平行线采集的方法采集。在采集过程中遇到涵洞、桥梁等应断在两侧，运河及干渠应加注名称注记，每条沟渠应加注流向符号。  沟渠
采集示意图	

班级		第（ ）组	组长签字	
教师签字		日期		
实施评价	评语：			

涵洞三维采集单

项目2	无人机大比例尺地形图三维采集
任务2.2	水系要素采集
子任务2.2.5	涵洞三维采集
任务目标	1. 掌握三维模型中涵洞要素模型特征。 2. 熟练掌握在三维测图平台上对涵洞要素进行采集的方法。
实践操作	
采集要素	采集方法与实操视频
涵洞	半依比例尺采集涵洞时，在采集平台水系线中选择"涵洞线"，根据模型中涵洞口两端的中心位置采集；依比例尺涵洞采集时，在采集平台水系面中选择"涵洞面"，根据模型中涵洞口两端的实际位置依次采集4点，结束时点击"C"键闭合。在采集过程中，依比例的涵洞对应双线沟渠，半依比例的涵洞对应单线沟渠；涵洞与沟渠的连接处应注意开启捕捉。 涵洞
采集示意图	

实施评价	班级		第（　）组	组长签字	
	教师签字		日期		
	评语：				

水池三维采集单

项目 2	无人机大比例尺地形图三维采集
任务 2.2	水系要素采集
子任务 2.2.6	水池三维采集
任务目标	1. 掌握三维模型中水池要素模型特征。 2. 熟练掌握在三维测图平台上对水池要素进行采集的方法。
实践操作	
采集要素	**采集方法与实操视频**
水池	在采集平台水系面中选择"贮水池、水窖低于地面无盖的",根据模型中贮水池的实际形状采集边线,结束时点击"C"键闭合;当贮水池高于地面时,要用"贮水池、水窖高于地面无盖的"采集,并注意坎齿朝向水池里面,坎齿反向,用快捷键"shift+Z"实现。加盖的水池应选择"贮水池、水窖低(高)于地面有盖的"符号采集。
采集示意图	

		班级		第（ ）组	组长签字	
		教师签字		日期		
实施评价	评语：					

水库三维采集单

项目 2	无人机大比例尺地形图三维采集
任务 2.2	水系要素采集
子任务 2.2.7	水库三维采集
任务目标	1. 掌握三维模型中水库要素模型特征。 2. 熟练掌握在三维测图平台上对水库要素进行采集的方法。
实践操作	
采集要素	**采集方法与实操视频**
水库	采集水库岸线时，在采集平台水系面中选择"水库（水库水涯线）"，根据模型中水库常水位岸线采集水边线，在采集过程中应贴合模型水库岸边。采集结束后，击点"C"键闭合，并在水库面合适位置标注水库名称。 采集水库坝体时，在采集平台水系面中选择"拦水坝"，根据模型中坝体的实际位置采集。采集结束后，点击"C"键闭合，并在坝顶合适位置注坝顶高程、坝长和建筑材料。 采集水库的溢洪道时，在采集平台水系线中选择"溢洪道边线（干沟）"，按其实际宽度依比例尺表示采集。采集时注意溢洪道边线坎齿方向。采集结束后，在溢洪道口底部标注高程，高程标在溢洪道底部的最高处。 水库
采集示意图	·309.59

班级		第（　）组	组长签字	
教师签字		日期		
实施评价	评语：			

2.2.3 水系要素采集任务评价

任务评价单

项目 2	无人机大比例尺地形图三维采集			
任务 2.2	水系要素采集			
工作内容	地面河流面、岸滩、湖泊、有坎池塘、沟渠、涵洞、水库及贮水池等水系要素采集。			
评价内容	分值	学生自评	组内评价	教师评价
地面河流采集				
池塘采集				
沟渠采集				
涵洞采集				
水库采集				
总成绩		学生签名		

	班级		第（ ）组	组长签字	
	教师签字		日期		
总评	评语：				

2.2.4 水系要素采集教学反馈

教学反馈单

项目 2	无人机大比例尺地形图三维采集	
任务 2.2	水系要素采集	
工作内容	地面河流面、湖泊、有坎池塘、涵洞、水库、贮水池等水系要素采集。	
反馈内容	序号	疑难点
	1	
	2	
	3	
	4	
	5	
您对本次课程教学的改进意见		
反馈人姓名		反馈日期	

2.3 居民地及设施要素采集

2.3.1 居民地及设施要素采集项目任务

项目任务单

项目 2	无人机大比例尺地形图三维采集		
任务 2.3	居民地及设施要素采集	学时	16 学时
工作内容	单幢房屋、建筑中房屋、棚房、破坏房屋、架空房、阳台、飘楼、檐廊、台阶、室外楼梯、垣栅、门墩等居民地及设施要素采集。		
能力目标	1. 学会在三维模型上识别各类居民地及设施要素。 2. 熟练掌握在三维测图平台上对各类居民地及设施要素进行采集的方法。 3. 要求在规定学时内完成任务。		
思政目标	1. 培养学生细致、严谨、精益求精的工匠精神。 2. 能独立完成居民地及设施要素的三维采集。 3. 培养学生严格遵守国家规范要求的意识。		
学时安排	采集准备 160 min	实践操作 400 min	采集评价 80 min
对学生的要求	1. 在实训中熟悉工作任务单和教学实践操作技能。 2. 按时、按量完成规定的实训任务。 3. 实训室应保持肃静，组员间沟通讨论应注意控制音量，不得谈笑喧哗，不得影响他人学习或讨论。 4. 在实训过程中，如有疑问应先举手示意，向实训教师询问。不得抄袭他人的实训成果，否则将严肃处理。 5. 每天安排值日生负责打扫机房、实训室，保持室内整洁，注意下课时关闭电源、门窗。		
参考资料	1.《国家基本比例尺地图图式 第 1 部分：1:500 1:1000 1:2000 地形图图式》（GB/T 20257.1—2017）。 2.《EPS 三维测图系统（倾斜摄影）快速入门手册》。 3.《1:500 1:1000 1:2000 地形图航空摄影测量内业规范》（GB/T 7930—2008）。 4. 其他无人机及测绘规范文件。		

2.3.2 居民地及设施要素实践操作

单幢房屋三维采集单

项目 2	无人机大比例尺地形图三维采集		
任务 2.3	居民地及设施要素采集		
子任务 2.3.1	单幢房屋三维采集		
任务目标	1. 掌握三维模型中各类单幢房屋要素模型特征。 2. 熟练掌握在三维测图平台上对各类单幢房屋要素进行采集的方法。		
实践操作			
采集要素	**采集方法与实操视频**		
单幢房屋	在采集平台编码查询窗口点击"居民地及设施面",选择"建成房屋"属性,将三维模型旋转至合适的位置。选择模型最清晰且长度相对较长的墙面作为采集的起始墙面,开启左"Ctrl"按键,根据房屋模型的实际形状贴合约 1.2 m 高度的墙面进行采集。在起始墙面点击 2 个节点后,墙面会生成白膜,白膜若隐若现表明恰好采集在墙面上,然后在其余 3 条边各点击 1 个点,结束时使用"Shift+C"闭合,系统会自动弹出"结构类型"窗口,再根据房屋实际情况选择结构类型(钢、砼、混、砖、石、木、玻璃、彩钢、塑钢、竹、塑料、其他等)及房屋层数。一幢房屋层数不同应进行面分割操作,先绘制辅助线,然后在菜单栏选择处理,选择面-面分割,对房屋进行面分割操作。分割结束后再修改结构类型和房屋层数。 单幢房屋		
采集示意图	混3		
实施评价	班级		第( )组	组长签字
	教师签字		日期	
	评语:			

建筑中房屋三维采集单

项目 2	无人机大比例尺地形图三维采集			
任务 2.3	居民地及设施要素采集			
子任务 2.3.2	建筑中房屋三维采集			
任务目标	1. 掌握三维模型中建筑中房屋要素模型特征。 2. 熟练掌握在三维测图平台上对建筑中房屋要素进行采集的方法。			
实践操作				
采集要素	采集方法与实操视频			
建筑中房屋	建筑中房屋指已建房基或者基本成型但未建成的房屋。正在施工或暂停施工的均用此符号表示（房屋中间标注"建"字）。在采集平台编码查询窗口点击"居民地及设施面"，选择"建筑中房屋"属性，然后将三维模型旋转至合适的位置，按最大边界采集，与建成房屋画法一致，结束时按"Shift+C"闭合。			
采集示意图				
实施评价	班级		第（ ）组	组长签字	
	教师签字		日期		
	评语：				

棚房三维采集单

项目 2	无人机大比例尺地形图三维采集			
任务 2.3	居民地及设施要素采集			
子任务 2.3.3	棚房三维采集			
任务目标	1. 掌握三维模型中棚房要素模型特征。 2. 熟练掌握在三维测图平台上对棚房要素进行采集的方法。			
实践操作				
采集要素	采集方法与实操视频			
棚房	在采集平台编码查询窗口点击"居民地及设施面",选择"棚房（无墙）""棚房（四边有墙）"或"棚房（一边有墙）"属性，注意选择属性时应细致、认真，根据模型实际情况选择对应的属性。将三维模型旋转至合适的位置，使用快捷键"Ctrl+2"将模型切换至正射影像，开启右"Ctrl"按键，依次采集房屋的各条边，结束时按"Shift+C"闭合。 棚房			
采集示意图				
实施评价	班级		第（ ）组	组长签字	
	教师签字		日期		
	评语：				

破坏房屋三维采集单

项目 2	无人机大比例尺地形图三维采集		
任务 2.3	居民地及设施要素采集		
子任务 2.3.4	破坏房屋三维采集		
任务目标	1. 掌握三维模型中破坏房屋要素模型特征。 2. 熟练掌握在三维测图平台上对破坏房屋要素进行采集的方法。		
实践操作			
采集要素	采集方法与实操视频		
破坏房屋	在采集平台编码查询窗口点击"居民地及设施面"，根据实际模型选择"破坏房屋"，使用快捷键"Ctrl+2"将模型切换至正射影像，开启右"Ctrl"按键，依次采集房屋的各条边，结束时按"Shift+C"闭合。如遇没有屋顶的破坏房屋，则按四周墙面进行采集，采集方式与建成房屋画法一致。		
采集示意图		破	
实施评价	班级		第（ ）组	组长签字	
	教师签字		日期		
	评语：				

架空房三维采集单

项目2	无人机大比例尺地形图三维采集
任务2.3	居民地及设施要素采集
子任务2.3.5	架空房三维采集
任务目标	1. 掌握三维模型中架空房要素模型特征。 2. 熟练掌握在三维测图平台上对架空房要素进行采集的方法。

实践操作	
采集要素	采集方法与实操视频
架空房	在采集平台编码查询窗口点击"居民地及设施面",选择"架空房、吊脚楼",根据模型的实际形状采集,与建成房屋画法一致。架空房下方有支柱的按实际柱位表示。架空部分计入楼层,层数注记表示方法如 3/1(总共 3 层,架空 1 层)。
采集示意图	

	班级		第( )组	组长签字	
实施评价	教师签字		日期		
	评语:				

阳台三维采集单

项目 2	无人机大比例尺地形图三维采集
任务 2.3	居民地及设施要素采集
子任务 2.3.6	阳台三维采集
任务目标	1. 掌握三维模型中阳台要素模型特征。 2. 熟练掌握在三维测图平台上对阳台要素进行采集的方法。

实践操作	
采集要素	**采集方法与实操视频**
阳台	在采集平台使用工具条中的"距离（过点）平行线"将已有房屋线段复制平移，再通过"延伸"功能形成辅助线，利用辅助线将阳台分割出来，并替换属性为阳台；也可以通过在编码查询窗口点击"居民地及设施面"，选择"阳台"属性，沿阳台外轮廓实际形状进行采集。 阳台
采集示意图	

班级		第（ ）组	组长签字	
教师签字		日期		
实施评价	评语：			

飘楼三维采集单

项目2	无人机大比例尺地形图三维采集
任务2.3	居民地及设施要素采集
子任务2.3.7	飘楼三维采集
任务目标	1. 掌握三维模型中飘楼要素模型特征。 2. 熟练掌握在三维测图平台上对飘楼要素进行采集的方法。

实践操作	
采集要素	采集方法与实操视频
飘楼	在采集平台使用工具条中的"距离（过点）平行线"将已有房屋线段复制平移，再通过"延伸""裁剪"等功能形成辅助线，利用辅助线将飘楼分割出来，并替换属性为飘楼；也可以通过在编码查询窗口点击"居民地及设施面"，选择"廊房（骑楼、飘楼）"属性，沿飘楼外轮廓实际形状进行采集。注记按实际层数注记，如"飘楼2"。
采集示意图	

	班级		第（　）组	组长签字	
	教师签字		日期		
实施评价	评语：				

檐廊要素三维采集单

项目 2	无人机大比例尺地形图三维采集
任务 2.3	居民地及设施要素采集
子任务 2.3.8	檐廊要素三维采集
任务目标	1. 掌握三维模型中檐廊要素模型特征。 2. 熟练掌握在三维测图平台上对檐廊要素进行采集的方法。
实践操作	
采集要素	**采集方法与实操视频**
檐廊	在采集平台使用工具条中的"距离（过点）平行线"将已有房屋线段复制平移，再通过"线延伸相交"等功能形成檐廊范围线，填充属性为檐廊。在采集过程中，同学们应认真观察模型，结合实际，如遇檐廊和房屋不平行的情况，则需要按照模型实际情况单独采集。 檐廊
采集示意图	
实施评价	<table><tr><td>班级</td><td></td><td>第（　）组</td><td>组长签字</td><td></td></tr><tr><td>教师签字</td><td></td><td>日期</td><td></td></tr></table>评语：

台阶三维采集单

项目 2	无人机大比例尺地形图三维采集
任务 2.3	居民地及设施要素采集
子任务 2.3.9	台阶要素三维采集
任务目标	1. 掌握三维模型中台阶要素模型特征。 2. 熟练掌握在三维测图平台上对台阶要素进行采集的方法。
实践操作	
采集要素	采集方法与实操视频
台阶	在采集平台编码查询窗口点击"居民地及设施线",根据实际模型选择"台阶"属性。将三维模型旋转至合适的位置,点击鼠标左键开始,由低处向高处顺时针描绘,依次点击绘制台阶外某角点,再将鼠标移到对角的内角点上,利用快捷键"J"设置转折点,点击"C"键闭合结束绘制。 台阶
采集示意图	

实施评价	班级		第（ ）组	组长签字	
	教师签字		日期		
	评语：				

室外楼梯要素三维采集单

项目 2	无人机大比例尺地形图三维采集
任务 2.3	居民地及设施要素采集
子任务 2.3.10	室外楼梯要素三维采集
任务目标	1. 掌握三维模型中室外楼梯要素模型特征。 2. 熟练掌握在三维测图平台上对室外楼梯要素进行采集的方法。
实践操作	
采集要素	采集方法与实操视频
室外楼梯	在采集平台编码查询窗口点击居"民地及设施线",根据实际模型选择"室外楼梯"属性,采集方式与台阶画法一致。应注意楼梯宽度在图上小于 1.0 mm 的不表示。螺旋式室外楼梯按其投影线表示,支柱不表示。
采集示意图	

实施评价	班级		第（　）组	组长签字	
	教师签字		日　期		
	评语：				

垣栅要素三维采集单

项目 2	无人机大比例尺地形图三维采集
任务 2.3	居民地及设施要素采集
子任务 2.3.11	垣栅要素三维采集
任务目标	1. 掌握三维模型中垣栅要素（围墙、篱笆、栏杆等）模型特征。 2. 熟练掌握在三维测图平台上对垣栅要素（围墙、篱笆、栏杆等）进行采集的方法。

实践操作

采集要素	采集方法与实操视频
垣栅	垣栅要素主要包括围墙、篱笆、栅栏、栏杆等。以围墙为例：在采集平台编码查询窗口点击"居民地及设施线"，根据实际模型选择"围墙线"属性，然后将三维模型旋转至合适的位置，点击鼠标左键开始，沿模型实际形状采集。采集时需注意以外墙为准，围墙与街道边线重合或间距在图上小于 0.3 mm 时，只表示围墙符号。篱笆、栅栏、栏杆等采集方式与围墙画法一致。 围墙
采集示意图	

	班级		第（　）组	组长签字	
实施评价	教师签字		日期		
	评语：				

门墩要素三维采集单

项目2	无人机大比例尺地形图三维采集
任务2.3	居民地及设施要素采集
子任务2.3.12	门墩要素三维采集
任务目标	1. 掌握三维模型中门墩要素模型特征。 2. 熟练掌握在三维测图平台上对门墩要素进行采集的方法。
实践操作	
采集要素	采集方法与实操视频
门墩	在采集平台编码查询窗口点击"居民地及设施面"，根据实际模型选择"门墩面"属性，然后将三维模型旋转至合适的位置，点击鼠标左键开始，开启左"Ctrl"按键，以垂直方式画矩形采集，点击"C"键闭合。图上边长大于 1.0 mm 的，依比例尺表示；图上尺寸小于 1.0 mm 时，按 1.0 mm 表示。 门墩
采集示意图	

	班级		第（　）组	组长签字	
	教师签字		日期		
实施评价	评语：				

2.3.3 居民地及设施要素采集任务评价

任务评价单

项目2	无人机大比例尺地形图三维采集			
任务2.3	居民地及设施要素采集			
工作内容	单幢房屋、建筑中房屋、棚房、破坏房屋、架空房、阳台、飘楼、檐廊、台阶、室外楼梯、垣栅、门墩等居民地及设施要素采集。			
评价内容	分值	学生自评	组内评价	教师评价
单幢房屋采集				
建筑中房屋、破坏房屋采集				
棚房、架空房采集				
阳台、飘楼、檐廊采集				
台阶、室外楼梯采集				
垣栅要素采集				
总成绩		学生签名		

总评	班级		第（　）组	组长签字	
	教师签字		日期		
	评语：				

2.3.4 居民地及设施要素采集教学反馈

教学反馈单

项目2	无人机大比例尺地形图三维采集		
任务2.3	居民地及设施要素采集		
工作内容	单幢房屋、建筑中房屋、棚房、破坏房屋、架空房、阳台、飘楼、檐廊、台阶、室外楼梯、垣栅、门墩等居民地及设施要素采集。		
反馈内容	序号	疑难点	
	1		
	2		
	3		
	4		
	5		
	6		
您对本次课程教学的改进意见			
反馈人姓名		反馈日期	

2.4 管线要素采集

2.4.1 管线要素采集项目任务

项目任务单

项目 2	无人机大比例尺地形图三维采集		
任务 2.4	管线要素采集	学时	6 学时
工作内容	高压输电线、配电线、电力线附属、变压器、变电室、通信线、管道及管道附属等要素采集。		
能力目标	1. 学会在三维模型上识别各类管线要素。 2. 熟练掌握在三维测图平台上对各类管线要素进行采集的方法。 3. 要求在规定学时内完成任务。		
思政目标	1. 培养学生严谨、细致、精益求精的工匠精神。 2. 培养学生踏实肯干和吃苦耐劳的精神。 3. 培养学生严格遵守国家规范要求的意识。		
学时安排	采集准备 40 min	实践操作 160 min	采集评价 40 min
对学生的要求	1. 在实训中熟悉工作任务单和教学实践操作技能。 2. 按时、按量完成规定的实训任务。 3. 实训室应保持肃静，组员间沟通讨论应注意控制音量，不得谈笑喧哗，不得影响他人学习或讨论。 4. 在实训过程中，如有疑问应先举手示意，向实训教师询问。不得抄袭他人的实训成果，否则将严肃处理。 5. 每天安排值日生负责打扫机房、实训室，保持室内整洁，注意下课时关闭电源、门窗。		
参考资料	1.《国家基本比例尺地图图式 第 1 部分:1:500 1:1000 1:2000 地形图图式》（GB/T 20257.1—2017）。 2.《EPS 三维测图系统（倾斜摄影）快速入门手册》。 3.《1:500 1:1000 1:2000 地形图航空摄影测量内业规范》（GB/T 7930—2008）。 4. 其他无人机及测绘规范文件。		

2.4.2 管线要素采集实践操作

高压输电线、配电线三维采集单

项目 2	无人机大比例尺地形图三维采集
任务 2.4	管线要素采集
子任务 2.4.1	高压输电线、配电线三维采集
任务目标	1. 掌握三维模型中高压输电线、配电线要素模型特征。 2. 熟练掌握在三维测图平台上对高压输电线、配电线要素进行采集的方法。

<table>
<tr><td colspan="2" align="center">实践操作</td></tr>
<tr><td>采集要素</td><td>采集方法与实操视频</td></tr>
<tr><td>高压输电线、
配电线</td><td>　　在采集平台管线中选择"高压输电线架空线（不连线）"，在模型中按输电线的走向依次在电杆位置采集，以正确表示线路的走向。
　　配电线的表示方法同输电线。永久性的电力线、电信线均应准确表示，电杆、铁塔位置应实测。当多种线路在同一杆架上时，只表示主要的。城市建筑区内电力线、电信线可不连线，但应在杆架处绘出线路方向。各种线路应做到线类分明，走向连贯。

高压输电线</td></tr>
<tr><td>采集示意图</td><td></td></tr>
<tr><td rowspan="2" colspan="2">
<table>
<tr><td>班级</td><td></td><td>第（　）组</td><td>组长签字</td><td></td></tr>
<tr><td>教师签字</td><td></td><td>日期</td><td></td><td></td></tr>
</table>
</td></tr>
</table>

实施评价	评语：

电力线附属设施采集单

项目 2	无人机大比例尺地形图三维采集
任务 2.4	管线要素采集
子任务 2.4.2	电力线附属设施三维采集
任务目标	1. 掌握三维模型中电力线附属设施要素模型特征。 2. 熟练掌握在三维测图平台上对电力线附属设施要素进行采集的方法。

实践操作	
采集要素	采集方法与实操视频
电力线附属设施	电线架的采集，在采集平台管线中选择"电线架"，按实际位置表示，采集两杆位的中心点，用直线表示；采集依比例尺的电线塔时，在采集平台管线面中选择"电线塔（铁塔）面"，按实际位置表示，依次采集电线塔底部 4 个基座的中心位置，点击"C"键结束；电杆不区分建筑材料、断面形状，均用同一个符号表示。电杆按实地位置表示。 电线塔
采集示意图	

实施评价	班级		第（　）组	组长签字	
	教师签字		日 期		
	评语：				

变电室三维采集单

项目 2	无人机大比例尺地形图三维采集
任务 2.4	管线要素采集
子任务 2.4.3	变电室三维采集
任务目标	1. 掌握三维模型中变电室要素模型特征。 2. 熟练掌握在三维测图平台上对变电室要素进行采集的方法。
实践操作	
采集要素	采集方法与实操视频
变电室	变电室是改变电压和控制电能输送与分配的场所。设在房屋内的，在房屋轮廓内配置符号；露天的范围用相应的地物符号表示，在范围内配置符号；其房屋或轮廓范围不能依比例尺表示时，只表示变电室（所）符号，符号表示在大变压器的位置上。 　　在采集平台管线点中选择"变电室（所）点"，在变电室所在的房屋及露天范围内配置此符号。
采集示意图	

	班级		第（　）组	组长签字	
	教师签字		日期		
实施评价	评语：				

变压器三维采集单

项目 2	无人机大比例尺地形图三维采集
任务 2.4	管线要素采集
子任务 2.4.4	变压器三维采集
任务目标	1. 掌握三维模型中变压器要素模型特征。 2. 熟练掌握在三维测图平台上对变压器要素进行采集的方法。
实践操作	
采集要素	**采集方法与实操视频**
变压器	变压器按实地位置表示，变压器大于符号尺寸的，用轮廓线表示，其内配置符号。采集单杆上的变压器时，在采集平台管线点中选择"变压器"，按实际中心位置采集；采集双杆上的变压器时，在采集平台管线中选择"双杆变压器"，采集两杆位的中心点。 变压器
采集示意图	

	班级		第（ ）组	组长签字	
	教师签字		日期		
实施评价	评语：				

通信线三维采集单

项目 2	无人机大比例尺地形图三维采集				
任务 2.4	管线要素采集				
子任务 2.4.5	通信线三维采集				
任务目标	1. 掌握三维模型中通信线要素模型特征。 2. 熟练掌握在三维测图平台上对通信线要素进行采集的方法。				
实践操作					
采集要素	**采集方法与实操视频**				
通信线	通信线及附属设施的表示方法同输电线。永久性的电力线、电信线均应准确表示，电杆、铁塔位置应实测。当多种线路在同一杆架上时，只表示主要的。城市建筑区内电力线、电信可不连线，但应在杆架处绘出线路方向。各种线路应做到线类分明，走向连贯。 在采集平台管线中选择"陆地通信线地上（不连线）"，在模型中按通信线的走向依次在电杆位置采集，以正确表示线路的走向。				
采集示意图					
实施评价	班级		第（ ）组		组长签字	
	教师签字		日期		
	评语：				

管道要素三维采集单

项目 2	无人机大比例尺地形图三维采集
任务 2.4	管线要素采集
子任务 2.4.6	管道要素三维采集
任务目标	1. 掌握三维模型中管道要素模型特征。 2. 熟练掌握在三维测图平台上对管道要素进行采集的方法。
	实践操作
采集要素	采集方法与实操视频
管道	管道分为架空的、地面上的、地面下的、有管堤的 4 种，分别用相应符号表示，并加注输送物名称。根据需要也可注记输送物名称简注；架空管道的支架按实际位置表示，当支架密集时，直线部分可取舍。 在采集平台管线中选择"工业管线架空管线"，在模型中按管线的走向采集，以正确表示管线的走向。采集结束后，加注输送物名称。根据需要也可注记输送物名称简注。　　　　　　管道
采集示意图	烟气管道

	班级		第（　）组	组长签字	
	教师签字		日期		
实施评价	评语：				

管道附属设施三维采集单

项目 2	无人机大比例尺地形图三维采集
任务 2.4	管线要素采集
子任务 2.4.7	管道附属设施三维采集
任务目标	1. 掌握三维模型中管道附属设施要素模型特征。 2. 熟练掌握在三维测图平台上对管道附属设施要素进行采集的方法。
实践操作	
采集要素	采集方法与实操视频
管道附属设施	污水箅子、消防栓、阀门、水龙头、电线箱、电话亭、路灯、检修井均应实测中心位置，以符号表示，必要时标注用途。供水站依比例尺表示，其内配置水龙头符号。阀门池在图上大于符号尺寸时，依比例尺表示，其内配置阀门符号。 　在采集平台管线点中选择"雨水箅子（或消火栓）"，在模型中实际中心位置采集即可。 管道附属设施
采集示意图	
实施评价	<table><tr><td>班级</td><td></td><td>第（　）组</td><td>组长签字</td><td></td></tr><tr><td>教师签字</td><td></td><td>日期</td><td></td><td></td></tr><tr><td colspan="5">评语：</td></tr></table>

2.4.3 管线要素采集任务评价

任务评价单

项目2	无人机大比例尺地形图三维采集		
任务2.4	管线要素采集		
工作内容	高压输电线、配电线、电力线附属、变压器、变电室、通信线、管道及管道附属等要素采集。		
评价内容	分值	学生自评	组内评价	教师评价
高压输电线、配电线				
电力线附属				
变压器、变电室				
通信线				
管道				
管道附属				
总成绩		学生签名		

	班级		第（　）组	组长签字	
总评	教师签字		日期		
	评语：				

2.4.4　管线要素采集教学反馈

教学反馈单

项目2	无人机大比例尺地形图三维采集		
任务2.4	管线要素采集		
工作内容	高压输电线、配电线、电力线附属、变压器、变电室、通信线、管道及管道附属等要素采集。		
反馈内容	序号	疑难点	
	1		
	2		
	3		
	4		
	5		
	6		
您对本次课程教学的改进意见			
反馈人姓名		反馈日期	

2.5　地貌要素采集

2.5.1　地貌要素采集项目任务

项目任务单

项目 2	大比例尺地形图三维采集		
任务 2.5	地貌要素采集	学时	6 学时
工作内容	陡坎、陡崖、斜坡、高程点等地貌要素采集。		
能力目标	1. 学会在三维模型上识别各类地貌要素。 2. 熟练掌握在三维测图平台上对各类地貌要素进行采集的方法。 3. 要求在规定学时内完成任务。		
思政目标	1. 培养学生严谨、求是和勤奋的工匠精神。 2. 能独立完成地貌要素的三维采集。 3. 培养学生严格遵守国家规范要求的意识。		
学时安排	采集准备 40 min	实践操作 160 min	采集评价 40 min
对学生的要求	1. 在实训中熟悉工作任务单和教学实践操作技能。 2. 按时、按量完成规定的实训任务。 3. 实训室应保持肃静，组员间沟通讨论应注意控制音量，不得谈笑喧哗，不得影响他人学习或讨论。 4. 在实训过程中，如有疑问应先举手示意，向实训教师询问。不得抄袭他人的实训成果，否则将严肃处理。 5. 每天安排值日生负责打扫机房、实训室，保持室内整洁，注意下课时关闭电源、门窗。		
参考资料	1.《国家基本比例尺地图图式　第 1 部分:1:500　1:1000　1:2000地形图图式》(GB/T 20257.1—2017)。 2.《EPS 三维测图系统（倾斜摄影）快速入门手册》。 3.《1:500　1:1000　1:2000 地形图航空摄影测量内业规范》(GB/T 7930—2008)。 4. 其他无人机及测绘规范文件。		

2.5.2　地貌要素采集实践操作

陡坎三维采集单

项目 2	大比例尺地形图三维采集
任务 2.5	地貌要素采集
子任务 2.5.1	陡坎三维采集
任务目标	1. 掌握三维模型中各类陡坎要素模型特征。 2. 熟练掌握在三维测图平台上对各类陡坎要素进行采集的方法。
实践操作	
采集要素	**采集方法与实操视频**
陡坎	在采集过程中应严格切合模型，沿陡坎最上面边线采集，符号的上沿实线表示陡坎的上棱线，齿线方向指向高程较低的一面。陡坎图上水平投影宽度小于 0.5 mm 时，以 0.5 mm 短线表示，大于 0.5 m 时，依比例尺用长线表示；当坡面有明显坎脚线时，可用地类界表示其坎脚线，大于 50cm 的陡坎需要表示，坎高差大于 0.5 m、小于 1 m，坎长度不足 2 m 不表示，但房屋前后需表示。 陡坎
采集示意图	

实施评价	班级		第（　）组	组长签字	
	教师签字		日期		
	评语：				

陡崖三维采集单

项目 2	大比例尺地形图三维采集		
任务 2.5	地貌要素采集		
子任务 2.5.2	陡崖三维采集		
任务目标	1. 掌握三维模型中各类陡崖要素模型特征。 2. 熟练掌握在三维测图平台上对各类陡崖要素进行采集的方法。		
实践操作			
采集要素	**采集方法与实操视频**		
陡崖	陡崖符号的实线为崖壁上缘位置,坡度较大时以等高线配合符号表示。陡崖应标注比高或注出其顶部底部高程。土质陡崖图上水平投影宽度小于 0.5 mm 时,以 0.5 mm 短线表示;大于 0.5 mm 时,依比例尺用长线表示。土质陡崖图上水平投影宽度小于 0.5 mm 时,以 0.5 mm 短线表示;大于 0.5 mm 时,依比例尺用长线表示。		
采集示意图			
实施评价	班级		第( )组	组长签字	
	教师签字		日期		
	评语:				

斜坡三维采集单

项目 2	大比例尺地形图三维采集
任务 2.5	地貌要素采集
子任务 2.5.3	斜坡三维采集
任务目标	1. 掌握三维模型中各类斜坡要素模型特征。 2. 熟练掌握在三维测图平台上对各类斜坡要素进行采集的方法。
实践操作	
采集要素	采集方法与实操视频
斜坡	从斜坡的上边界开始采集，依次采集上下边界，形成一个封闭的面，将十字光标放在上边界的最后一个节点处，点击快捷键"J"，然后检查斜坡示坡线是否垂直于斜坡上边界，对不垂直区域使用快捷键"K"处理。高差大于 0.5 m 的表示斜坡，斜坡的投影宽度小于 1 m 的可按陡坎表示，坡线一般要覆盖坡面。天然形成的斜坡用棕色表示，人工修筑的用黑色表示。斜坡在图上投影宽度小于 2 mm 时，以陡坎符号表示。 斜坡
采集示意图	
实施评价	班级 _____ 第（ ）组 组长签字 _____ 教师签字 _____ 日期 _____ 评语：

高程点三维采集单

项目 2	大比例尺地形图三维采集
任务 2.5	地貌要素采集
子任务 2.5.4	高程点三维采集
任务目标	1. 掌握三维模型中高程点要素模型特征。 2. 熟练掌握在三维测图平台上对高程点要素进行采集的方法。
实践操作	
采集要素	**采集方法与实操视频**
高程点	找到需要添加高程点的位置，点击鼠标左键开始采集高程注记点。高程注记点平均间距一般为 10～15 m；高程注记点分别测注在地貌特征点和道路交叉处、桥梁等地物特征点上，且分布均匀；一般每块水稻田应至少测注 1 个高程注记点。 高程点
采集示意图	

实施评价	班级		第（　）组	组长签字	
	教师签字		日期		
	评语：				

2.5.3 地貌要素采集任务评价

任务评价单

项目2	大比例尺地形图三维采集			
任务2.5	地貌要素采集			
工作内容	陡坎、陡崖、斜坡、高程点等地貌要素采集。			
评价内容	分值	学生自评	组内评价	教师评价
陡坎采集				
陡崖采集				
斜坡采集				
高程点采集				
总成绩		学生签名		

总评	班级		第（ ）组	组长签字	
	教师签字		日期		
	评语：				

2.5.4 地貌要素采集教学反馈

教学反馈单

项目 2	大比例尺地形图三维采集		
任务 2.5	地貌要素采集		
工作内容	陡坎、陡崖、斜坡、高程点等地貌要素采集。		
反馈内容	序号	疑难点	
	1		
	2		
	3		
	4		
	5		
	6		
您对本次课程教学的改进意见			
反馈人姓名		反馈日期	

2.6　植被与土质采集

2.6.1　植被与土质采集项目任务

项目任务单

项目 2	大比例尺地形图三维采集		
任务 2.6	植被与土质要素采集	学时	6 学时
工作内容	稻田、菜地、幼林、苗圃、灌木林、竹林、行树、草地和土质等要素采集。		
能力目标	1. 学会在三维模型上识别各类植被与土质要素。 2. 熟练掌握在三维测图平台上对各类植被与土质要素进行采集的方法。 3. 要求在规定学时内完成任务。		
思政目标	1. 培养学生严谨、求是和勤奋的工匠精神。 2. 能独立完成植被与土质要素的三维采集。 3. 培养学生严格遵守国家规范要求的意识。		
学时安排	采集准备 40 min	实践操作 160 min	采集评价 40 min
对学生的要求	1. 在实训中熟悉工作任务单和教学实践操作技能。 2. 按时、按量完成规定的实训任务。 3. 实训室应保持肃静，组员间沟通讨论应注意控制音量，不得谈笑喧哗，不得影响他人学习或讨论。 4. 在实训过程中，如有疑问应先举手示意，向实训教师询问。不得抄袭他人的实训成果，否则将严肃处理。 5. 每天安排值日生负责打扫机房、实训室，保持室内整洁，注意下课时关闭电源、门窗。		
参考资料	1. 《国家基本比例尺地图图式　第 1 部分：1∶500　1∶1000　1∶2000 地形图图式》（GB/T 20257.1—2017）。 2. 《EPS 三维测图系统（倾斜摄影）快速入门手册》。 3. 《1∶500　1∶1000　1∶2000 地形图航空摄影测量内业规范》（GB/T 7930—2008）。 4. 其他无人机及测绘规范文件。		

2.6.2 植被与土质要素采集实践操作

稻田三维采集单

项目 2	大比例尺地形图三维采集
任务 2.6	植被与土质要素采集
子任务 2.6.1	稻田三维采集
任务目标	1. 掌握三维模型中稻田要素模型特征。 2. 熟练掌握在三维测图平台上对稻田要素进行采集的方法。

实践操作	
采集要素	采集方法与实操视频
稻田	不分常年有水和季节性有水，均用此符号表示；水旱轮作地也按稻田符号表示；符号按整列式配置；田埂实地宽度大于 0.5 m 的按双线表示，小于 0.5 m 的按单线表示。
采集示意图	

	班级		第（ ）组	组长签字	
	教师签字		日期		
实施评价	评语：				

菜地三维采集单

项目2	大比例尺地形图三维采集
任务2.6	植被与土质要素采集
子任务2.6.2	菜地三维采集
任务目标	1. 掌握三维模型中菜地要素模型特征。 2. 熟练掌握在三维测图平台上对菜地要素进行采集的方法。

实践操作	
采集要素	采集方法与实操视频
菜地	符号按整列式配置；有喷灌设备的菜地需加注"喷灌"二字，粮菜轮种的耕地按旱地表示。在编码查询窗口点击"植被与土质线"，点击"地类界"。点击鼠标左键开始采集，沿着地类的边界进行采集，地类界勾绘完成后，对各个面进行菜地属性填充。
采集示意图	

实施评价	班级		第（　）组	组长签字	
	教师签字		日期		
	评语：				

灌木林三维采集单

项目2	大比例尺地形图三维采集			
任务2.6	植被与土质要素采集			
子任务2.6.3	灌木林三维采集			
任务目标	1. 掌握三维模型中灌木林要素模型特征。 2. 熟练掌握在三维测图平台上对灌木林要素进行采集的方法。			
实践操作				
采集要素	采集方法与实操视频			
灌木林	攀缘崖边的藤类和矮小的竹类植物亦用灌木林符号表示；覆盖度在40%以上的灌木林地，在其范围内散列配置符号；覆盖度在40%以下的灌木林地和杂生在疏林、竹林、草地、盐碱地、沼泽地、沙地内的零星灌木，按实地位置用此符号表示；沿道路、沟渠分布较长的狭长灌木林用此符号表示，图上长度小于10 mm的用灌木丛符号表示。在编码查询窗口点击"植被与土质线"，点击"地类界"，点击鼠标左键开始采集，沿着地类的边界进行采集，地类界勾绘完成后，对各个面进行灌木林属性填充。			
采集示意图				
实施评价	班级		第（ ）组	组长签字	
	教师签字		日期		
	评语：				

竹林三维采集单

项目 2	大比例尺地形图三维采集
任务 2.6	植被与土质要素采集
子任务 2.6.4	竹林三维采集
任务目标	1. 掌握三维模型中竹林要素模型特征。 2. 熟练掌握在三维测图平台上对竹林要素进行采集的方法。
实践操作	
采集要素	采集方法与实操视频
竹林	在其范围内散列配置符号；有方位意义的竹丛用此符号；图上宽度小于 4 mm 的狭长竹林用此符号表示，长度依比例尺表示。在编码查询窗口点击"植被与土质线"，点击"地类界"，点击鼠标左键开始采集，沿着地类的边界进行采集，地类界勾绘完成后，对各个面进行竹林属性填充。
采集示意图	
实施评价	<table><tr><td>班级</td><td></td><td>第（　）组</td><td>组长签字</td><td></td></tr><tr><td>教师签字</td><td></td><td>日期</td><td></td><td></td></tr></table>评语：

行树三维采集单

项目 2	大比例尺地形图三维采集
任务 2.6	植被与土质要素采集
子任务 2.6.5	行树三维采集
任务目标	1. 掌握三维模型中行树要素模型特征。 2. 熟练掌握在三维测图平台上对行树要素进行采集的方法。

	实践操作
采集要素	采集方法与实操视频
行树	行树两端的树木按实测表示，中间配置符号，符号间距可视具体情况略为放大或缩小；凡线状地物两侧的行树，表示时应鳞错排列。在编码查询窗口点击"植被与土质线"，点击"乔木行树/灌木行树"，点击鼠标左键开始采集，沿着行树进行采集。
采集示意图	

实施评价	班级		第（　）组	组长签字	
	教师签字		日期		
	评语：				

草地三维采集单

项目 2	大比例尺地形图三维采集
任务 2.6	植被与土质要素采集
子任务 2.6.6	草地三维采集
任务目标	1. 掌握三维模型中草地要素模型特征。 2. 熟练掌握在三维测图平台上对草地要素进行采集的方法。
实践操作	
采集要素	**采集方法与实操视频**
草地	天然草地：以天然草本植物为主，未经改良的草地，包括草甸草地、草丛草地、疏林草地、灌木草地和沼泽草地。在其范围内整列式配置符号。 　改良草地：采用灌溉、排水、施肥、松耙、补植等措施进行改良的草地。 　人工牧草地：人工种植的牧草地。 　人工草地：城市中人工种植的草地。 　在编码查询窗口点击"植被与土质线"，点击"地类界"，点击鼠标左键开始采集，沿着地类的边界进行采集，地类界勾绘完成后，对各个面进行草地属性填充。 植被
采集示意图	
实施评价	班级 ＿＿ 第（　）组 组长签字 ＿＿ 教师签字 ＿＿ 日期 ＿＿ 评语：

砂砾三维采集单

项目 2	大比例尺地形图三维采集
任务 2.6	地貌要素采集
子任务 2.6.7	砂砾三维采集
任务目标	1. 掌握三维模型中各类砂砾要素模型特征。 2. 熟练掌握在三维测图平台上对砂砾要素进行采集的方法。
实践操作	
采集要素	采集方法与实操视频
砂砾	在编码查询窗口点击"植被与土质线"，选"地类界"，点击鼠标左键开始采集，沿着砂砾的外围进行采集。采集过程中要严谨、细致。然后对其填充砂砾属性。 砂砾
采集示意图	

实施评价	班级		第（ ）组	组长签字	
	教师签字		日期		
	评语：				

2.6.3 植被与土质要素任务评价

任务评价单

项目 2	大比例尺地形图三维采集			
任务 2.6	植被与土质要素采集			
工作内容	稻田、菜地、灌木林、竹林、行树、草地和土质等要素采集。			
评价内容	分值	学生自评	组内评价	教师评价
稻田采集				
菜地采集				
幼林、苗圃采集				
灌木林采集				
竹林采集				
行树采集				
草地				
沙砾				
总成绩		学生签名		

总评	班级		第（ ）组	组长签字	
	教师签字		日期		
	评语：				

2.6.4　植被与土质要素采集教学反馈

教学反馈单

项目 2	大比例尺地形图三维采集		
任务 2.6	植被与土质要素采集		
工作内容	稻田、菜地、灌木林、竹林、行树、草地和土质等要素采集。		
反馈内容	序号	疑难点	
	1		
	2		
	3		
	4		
	5		
	6		
您对本次课程教学的改进意见是			
反馈人姓名		反馈日期	

2.7　注记添加

2.7.1　注记添加项目任务

项目任务单

项目 2	大比例尺地形图三维采集		
任务 2.7	注记添加	学时	2 学时
工作内容	添加地理名称注记、说明注记等。		
能力目标	1. 熟练掌握在三维测图平台上添加各类注记要素的方法。 2. 要求在规定学时内完成任务。		
思政目标	1. 培养学生严谨、求是和勤奋的工匠精神。 2. 能独立完成注记要素的添加。 3. 培养学生严格遵守国家规范要求的意识。		
学时安排	采集准备 10 min	实践操作 50 min	采集评价 20 min
对学生的要求	1. 在实训中熟悉工作任务单和教学实践操作技能。 2. 按时、按量完成规定的实训任务。 3. 实训室应保持肃静，组员间沟通讨论应注意控制音量，不得谈笑喧哗，不得影响他人学习或讨论。 4. 在实训过程中，如有疑问应先举手示意，向实训教师询问。不得抄袭他人的实训成果，否则将严肃处理。 5.每天安排值日生负责打扫机房、实训室，保持室内整洁，注意下课时关闭电源、门窗。		
参考资料	1.《国家基本比例尺地图图式　第 1 部分：1：500　1：1000　1：2000 地形图图式》（GB/T 20257.1—2017）。 2.《EPS 三维测图系统（倾斜摄影）快速入门手册》。 3.《1：500　1：1000　1：2000 地形图航空摄影测量内业规范》（GB/T 7930—2008）。 4. 其他无人机及测绘规范文件。		

2.7.2 注记添加实践操作

地理名称注记采集单

项目 2	大比例尺地形图三维采集
任务 2.7	注记添加
子任务 2.7.1	添加地理名称注记
任务目标	熟练掌握在三维测图平台上添加各类地理名称注记的方法。
实践操作	
采集要素	采集方法与实操视频
地理名称注记	地理名称注记包括水系、地貌、交通和其他等，一般注当地常用自然名称；海、海湾、海港、江、河、湖、沟渠、水库等名称，按自然形状排列注出，依其面积大小和长度选择字号。点击工具栏上的"注记"按钮，将光标放到需要添加注记的位置，点击鼠标左键，输入注记内容；也可以点击工具栏上的"注记字典"按钮，添加常用注记。　　　　　　注记添加
采集示意图	资环、生物工程学院实训楼 钢

实施评价	班级		第（　）组	组长签字	
	教师签字		日期		
	评语：				

说明注记采集单

项目2	大比例尺地形图三维采集
任务2.7	注记添加
子任务2.7.2	添加说明注记
任务目标	熟练掌握在三维测图平台上添加各类说明注记的方法。
实践操作	
采集要素	**采集方法与实操视频**
说明注记	说明注记包括政府机关、工厂、学校矿区等企事业单位的名称及突出的高层建筑物、居住小区、公共设施的名称；地物的属性注记，如砼、钢、混等建筑结构注记；说明地物的注记，如控制点点名。点击工具栏上的"注记"按钮，将光标放到需要添加注记的位置，点击鼠标左键，输入注记内容；也可以点击工具栏上的"注记字典"按钮，添加常用注记。
采集示意图	砖 砖2 砖 水 284.16 泥
实施评价	班级 _____ 第（ ）组 组长签字 _____ 教师签字 _____ 日期 _____ 评语：

2.7.3 注记添加任务评价

任务评价单

项目 2	大比例尺地形图三维采集		
任务 2.7	注记添加		
工作内容	添加地理名称注记、说明注记等注记。		
评价内容	分值	学生自评	组内评价	教师评价
地理名称注记				
说明注记				
总成绩		学生签名		

总评	班级		第（　）组	组长签字	
	教师签字		日期		
	评语：				

2.7.4 注记添加教学反馈

教学反馈单

项目 2	大比例尺地形图三维采集	
任务 2.7	注记添加	
工作内容	添加地理名称注记、说明注记等。	
反馈内容	序号	疑难点
	1	
	2	
	3	
	4	
	5	
	6	
您对本次课程教学的改进意见		
反馈人姓名		**反馈日期**

项目 3　数据检查与输出

3.1　数据检查

3.1.1　数据检查项目任务

项目任务单

项目 3	数据检查与输出		
任务 3.1	数据检查	学时	4 学时
工作内容	对采集内容的完整性、正确性、准确性、合理性和规范性进行检查。		
能力目标	1. 能够快速判断地物地貌采集是否存在缺失、遗漏。 2. 能够根据模型正确判断所有地物地貌的属性。 3. 能够判断采集内容是否准确并作出合理修改。 4. 能够合理和规范地处理地物之间的关系。		
思政目标	1. 培养学生严谨细致的工匠精神。 2. 培养学生做事的认真态度和责任心。 3. 培养学生严格遵守国家规范要求的意识。		
学时安排	采集准备 20 min	实践操作 120 min	采集评价 20 min
对学生的要求	1. 在实训中熟悉工作任务单和教学实践操作技能。 2. 按时、按量完成规定的实训任务。 3. 实训室应保持肃静，组员间沟通讨论应注意控制音量，不得谈笑喧哗，不得影响他人学习或讨论。 4. 在实训过程中，如有疑问应先举手示意，向实训教师询问。不得抄袭他人的实训成果，否则将严肃处理。 5. 每天安排值日生负责打扫机房、实训室，保持室内整洁，注意下课时关闭电源、门窗。		
参考资料	1. 《国家基本比例尺地图图式　第 1 部分：1∶500　1∶1000　1∶2000 地形图图式》（GB/T 20257.1—2017）。 2. 《EPS 三维测图系统（倾斜摄影）快速入门手册》。 3. 《1∶500　1∶1000　1∶2000 地形图航空摄影测量内业规范》（GB/T 7930—2008）。 4. 其他无人机及测绘规范文件。		

3.1.2 数据检查实践操作

数据完整性、正确性检查操作单

项目 3	数据检查与输出
任务 3.1	数据检查
子任务 3.1.1	数据完整性、正确性检查
任务目标	1. 判断地物地貌采集是否存在缺失、遗漏。 2. 根据模型正确判断所有地物地貌的属性，辨别错误属性并修改。

实践操作	
数据检查	检查方法与实操视频
完整性和正确性检查	从左到右、从上至下依次检查三维模型与二维线划图是否完全匹配，有无漏采和属性信息错误的情况，如测区范围较大，则需分区块，每个区块逐一检查。 检查过程中发现漏画和错画的情况一般先用符号圈出对应位置并标注错误原因，等全图检查完后统一修改。 完整性检查
漏采示意图	 漏采井盖
实施评价	<table><tr><td>班级</td><td></td><td>第（ ）组</td><td>组长签字</td><td></td></tr><tr><td>教师签字</td><td></td><td>日期</td><td></td><td></td></tr><tr><td colspan="5">评语：</td></tr></table>

数据准确性检查操作单

项目 3	数据检查与输出
任务 3.1	数据检查
子任务 3.1.2	数据准确性检查操作
任务目标	1. 掌握模型采集精度检查方法。 2. 熟练掌握采集不准确之处的修改方法。

实践操作	
数据检查	检查方法与实操视频
准确性检查 与修改	从左到右、从上至下依次检查三维模型与二维线划图的贴合程度，特别对于有高差的地物，采集时容易发生视差，出现采集不贴合模型的情况。检查房屋一般采用建立三维白膜并检查白膜与墙面的贴合度情况来判断采集精度。发现精度有问题的位置用符号和文字进行标注，整图检查结束后统一修改。修改方式比较灵活，可根据模型和周边情况选择修改局部位置或局部重画的方式。 准确性检查
问题示意图	 道路采集不准确

实施评价	班级		第（ ）组	组长签字	
	教师签字		日 期		
	评语：				

数据合理性、规范性检查操作单

项目 3	数据检查与输出
任务 3.1	数据检查
子任务 3.1.3	数据合理性、规范性检查操作
任务目标	1. 掌握模型采集合理性检查方法。 2. 掌握模型采集规范性检查方法。

实践操作	
数据检查	检查方法与实操视频
合理性和规范性检查	对三维采集结果进行全图合理性、规范性检查。合理性指地物地貌的表达、取舍以及它们之间的关系在图上表示得是否合理；规范性指采集结果要符合相关国家规范等要求。 合理性和规范性检查
错误示意图	 地类界与道路重复表示

实施评价	班级		第（ ）组	组长签字	
	教师签字		日期		
	评语：				

3.1.3 数据检查任务评价

任务评价单

项目 3	数据检查与输出			
任务 3.1	数据检查			
工作内容	对采集内容的完整性、正确性、准确性、合理性和规范性进行检查。			
评价内容	分值	学生自评	组内评价	教师评价
完整性检查				
正确性检查				
准确性检查				
合理性检查				
规范性检查				
总成绩		学生签名		

总评	班级		第（ ）组	组长签字	
	教师签字		日期		
	评语：				

3.1.4 数据检查教学反馈

教学反馈单

项目 3	数据检查与输出		
任务 3.1	数据检查		
工作内容	对采集内容的完整性、正确性、准确性、合理性和规范性进行检查。		
反馈内容	序号	疑难点	
	1		
	2		
	3		
	4		
	5		
	6		
您对本次课程教学的改进意见			
反馈人姓名		**反馈日期**	

3.2 数据输出

3.2.1 数据输出项目任务

项目 3	数据检查与输出		
任务 3.2	数据输出	学时	2 学时
工作内容	完成三维采集数据多种格式的数据输出。		
能力目标	1. 了解常用的数据格式。 2. 掌握常用数据格式的输出方法。 3. 了解常用数据格式的应用。		
思政目标	1. 培养学生的专业视野。 2. 培养学生综合运用成果的能力。 3. 培养学生严格遵守国家规范要求的意识。		
学时安排	采集准备 10 min	实践操作 70 min	采集评价 10 min
对学生的要求	1. 在实训中熟悉工作任务单和教学实践操作技能。 2. 按时、按量完成规定的实训任务。 3. 实训室应保持肃静，组员间沟通讨论应注意控制音量，不得谈笑喧哗，不得影响他人学习或讨论。 4. 在实训过程中，如有疑问应先举手示意，向实训教师询问。不得抄袭他人的实训成果，否则将严肃处理。 5. 每天安排值日生负责打扫机房、实训室，保持室内整洁，注意下课时关闭电源、门窗。		
参考资料	1.《国家基本比例尺地图图式　第 1 部分：1∶500　1∶1000　1∶2000 地形图图式》（GB/T 20257.1—2017）。 2.《EPS 三维测图系统（倾斜摄影）快速入门手册》。 3.《1∶500　1∶1000　1∶2000 地形图航空摄影测量内业规范》（GB/T 7930—2008）。 4. 其他无人机及测绘规范文件。		

3.2.2 数据输出实践操作

实践操作单

项目 3	数据检查与输出
任务 3.2	数据输出
任务目标	能够独立完成常用数据格式的输出。
实践操作	
数据输出	**输出方法与实操视频**
常用格式的数据输出	在进行地形图测绘时，一般需对三维采集数据成果进行进一步的整饰、分幅等工作，此时需要导出 DWG 格式的成果。根据需求不同，可导出不同的数据格式，包括文档、图形、图片和数据库等格式。在进行数据输出时需注意输出路径、输出名称、输出范围和输出格式的正确性。 数据输出
数据输出要点示意图	

	班级		第（ ）组	组长签字	
	教师签字		日 期		
实施评价	评语：				

3.2.3 数据输出任务评价

任务评价单

项目 3	数据检查与输出			
任务 3.2	数据输出			
工作内容	完成三维采集数据多种格式的数据输出。			
评价内容	分值	学生自评	组内评价	教师评价
输出路径				
输出名称				
输出格式				
输出范围				
总成绩		学生签名		

总评	班级		第（ ）组	组长签字	
	教师签字		日期		
	评语：				

3.2.4　数据输出教学反馈

教学反馈单

项目 3	数据检查与输出		
任务 3.2	数据输出		
工作内容	完成三维采集数据多种格式的数据输出。		
反馈内容	序号	疑难点	
	1		
	2		
	3		
	4		
	5		
	6		
您对本次课程教学的改进意见			
反馈人姓名		反馈日期	

项目 4　无人机大比例尺地形图三维采集案例

4.1　案例实施项目任务

项目任务单

项目 4	无人机大比例尺地形图三维采集案例		
案例名称	×××学校 1：500 地形图测绘		
采集平台	EPS\CASS 3D\SV365		
任务描述	通过实景三维采集系统进行 XXX 学校 1：500 DLG 线划图采集，基于无人机倾斜模型并参考相关测绘规范采集建筑物、道路、水系、植被、独立地物等全要素，具体要求如下： 1. 测区范围：×××学校 1：500 地形图测绘，测区范围约 0.1 km²。 2. 测图比例尺：1：500。 3. 成果格式：DWG 格式。 4. 工期要求：3d。		
数据准备	1. 倾斜摄影模型（OSGB 格式）。 2.《国家基本比例尺地图图式　第 1 部分：1：500　1：1000　1：2000 地形图图式》（GB/T 20257.1—2017）等测绘相关规范文件。 3. 测区范围（DWG 格式）。		
成果输出	1：500 数字线划地形图（DWG 格式）		
能力目标	1. 能够掌握 CASS 3D 三维采集房屋、道路等要素的方法。 2. 能够熟练掌握软件的各编辑、采集等命令。 3. 能灵活处理地物表达之间的关系。 4. 能完成检查、图幅整饰、分幅和成果输出等工作。		
思政目标	1. 培养学生综合应用、归纳总结的能力。 2. 培养学生积极思考问题、解决问题的能力。 3. 培养学生严谨、求是和勤奋的工匠精神。 4. 培养学生的规范意识。 5. 培养学生团队合作意识。		
学时安排	采集准备 40 min	实践操作 1~3d	采集评价 80 min
对学生的要求	1. 在实训中熟悉工作任务单和教学实践操作技能。 2. 按时、按量完成规定的实训任务。 3. 实训室应保持肃静，组员间沟通讨论应注意控制音量，不得谈笑喧哗，不得影响他人学习或讨论。 4. 在实训过程中，如有疑问应先举手示意，向实训教师询问。不得抄袭他人的实训成果，否则将严肃处理。 5. 每天安排日生负责打扫机房、实训室，保持室内整洁，注意下课时关闭电源、门窗。		

4.2 案例实施实践操作

4.2.1 EPS 案例实施

EPS 采集单

项目 4	无人机大比例尺地形图三维采集案例		
案例名称	×××学校 1∶500 地形图测绘		
采集平台	EPS		
任务目标	1. 熟练使用 EPS 进行房屋、道路等要素的三维采集。 2. 掌握图幅整饰、精度检查和成果输出。		
实践操作			
采集流程	**采集方法与实操视频**		
加载模型及测区范围	加载三维模型及测区范围，确定测区范围，对模型进行检查。		EPS 数据加载
三维采集	按照规范要求对房屋、道路等要素进行三维采集。		EPS 三维采集
检查与成果输出	检查图面的完整性、合理性以及采集内容与模型的贴合度。进行图幅整饰、分幅和成果输出。		EPS 成果输出
实施评价	班级		第（　）组　组长签字
	教师签字		日期
	评语：		

4.2.2 CASS 3D 案例实施

CASS 3D 采集单

项目 4	无人机大比例尺地形图三维采集案例
案例名称	×××学校 1：500 地形图测绘
采集平台	CASS 3D
任务目标	1. 熟练使用 CASS 3D 进行房屋、道路等要素的三维采集。 2. 掌握图幅整饰、精度检查和成果输出。
实践操作	
采集流程	采集方法与实操视频
加载测区范围及模型	加载三维模型及测区范围，确定测区范围，设置地图比例尺。 CASS 3D 数据加载
三维采集	按照规范要求对房屋、道路等要素进行三维采集。 CASS 3D 三维采集
检查与成果输出	检查图面的完整性、合理性以及采集内容与模型的贴合度。进行图幅整饰、分幅和成果输出。 CASS 3D 成果输出

实施评价	班级		第（ ）组	组长签字	
	教师签字		日期		
	评语：				

4.2.3　SV365 案例实施

SV365 采集单

项目 4	无人机大比例尺地形图三维采集案例
案例名称	×××学校 1∶500 地形图测绘
采集平台	SV365
任务目标	1. 熟练使用 SV365 进行房屋、道路等要素的三维采集。 2. 掌握图幅整饰、精度检查和成果输出。
实践操作	
采集流程	**采集方法与实操视频**
加载模型及测区范围	设置绘图比例尺，加载三维模型及测区范围，确定测区范围。 SV365 数据加载
三维采集	按照规范要求对房屋、道路等要素进行三维采集。 SV365 三维采集
检查与成果输出	检查图面的完整性、合理性以及采集内容与模型的贴合度。进行数据输出、图幅整饰、分幅等工作。 SV365 成果输出

实施评价	班级		第（　）组	组长签字	
	教师签字		日期		
	评语：				

4.3 案例实施任务评价

任务评价单

项目 4	无人机大比例尺地形图三维采集案例					
案例名称	×××学校 1：500 地形图测绘					
采集平台	EPS/CASS3D/SV365					
任务描述	通过实景三维采集系统进行×××学校 1：500 地形图采集：基于无人机倾斜模型采集建筑物、道路、水系、植被、独立地物等全要素。					
采集平台	评分内容	分值	学生自评	组内评价	教师评价	成绩
EPS	图面采集情况					
	操作能力					
	综合素质					
CASS 3D	图面采集情况					
	操作能力					
	综合素质					
SV365	图面采集情况					
	操作能力					
	综合素质					
学生签名						

总评	班级		第（ ）组	组长签字	
	教师签字		日 期		
	评语：				

4.4　案例实施教学反馈

教学反馈单

项目 4	无人机大比例尺地形图三维采集案例	
案例名称	×××学校 1：500DLG 采集	
采集平台	EPS/CASS3D/SV365	
任务描述	通过实景三维采集系统进行×××学校 1：500DLG 采集：基于无人机倾斜模型采集建筑物、道路、水系、植被、独立地物等全要素。	
反馈内容	序号	疑难点
	1	
	2	
	3	
	4	
	5	
	6	
您对本次课程教学的改进意见		
反馈人姓名		反馈日期

参考文献

[1] 国家测绘局. 1：500　1：1000　1：2000 地形图航空摄影测量内业规范：GB/T 7930—2008[S]. 北京：中国标准出版社，2008.

[2] 国家测绘局. 1：500　1：1000　1：2000 地形图航空摄影测量外业规范：GB/T 7931—2008[S]. 北京：中国标准出版社，2008

[3] 国家测绘局. 低空数字航空摄影测量内业规范：CH/Z 3003—2010[S]. 北京：测绘出版社，2010.

[4] 国家测绘局. 低空数字航空摄影测量外业规范：CH/Z 3004—2010[S]. 北京：测绘出版社，2010.

[5] 国家基础地理信息中心. 数字正射影像生产技术规定：GQJC 05—2019[S]. 北京：[出版者不详]，2019.

[6] 国家测绘局. 基础地理信息数字成果　1：500　1：1000　1：2000 数字正射影像图：CH/T 9008.3—2010[S]. 北京：测绘出版社，2010.

[7] 国家测绘地理信息局. 数字航空摄影测量　控制测量规范：CH/T 3006—2011[S]. 北京：测绘出版社，2012.

[8] 国家测绘地理信息局. 国家基本比例尺地图图式　第 1 部分：1：500　1：1000　1：2000 地形图图式：GB/T 20257.1—2017[S]. 北京：中国标准出版社，2017.

[9] 国家测绘地理信息局. 1：500　1：1000　1：2000 外业数字测图技术规程：GB/T 14912—2017[S]. 北京：中国标准出版社，2017.

[10] 刘仁钊，马啸. 无人机倾斜摄影测量技术[M]. 武汉：武汉大学出版社，2021.

[11] 王东梅. 无人机测绘技术[M]. 武汉：武汉大学出版社，2020.

[12] 万刚，余旭初，布树辉，等. 无人机测绘技术及应用[M]. 北京：测绘出版社，2015.

[13] 贾玉红. 无人机系统概论[M]. 北京：北京航空航天大学出版社，2020.

[14] 赵国梁. 无人机倾斜摄影测量技术[M]. 西安：西安地图出版社，2019.

[15] 何荣. 数字测图原理与方法[M]. 北京：应急管理出版社，2020.

[16] 潘正风，程效军，成枢，等. 数字测图原理与方法习题和实验[M]. 武汉：武汉大学出版社，2009.

[17] 王正荣，徐晓燕，邹时林. 数字测图[M]. 郑州：黄河水利出版社，2019.

[18] 郭凯，汪旭波，杨荣欣. 无人机倾斜摄影测量技术在大比例尺地形图测绘中的应用[J]. 测绘与空间地理信息，2022，45（S1）：256-258；261.

[19] 韩启虎. 无人机倾斜摄影测量技术在1：500地形图测绘中的应用[J]. 华北自然资源，2021（4）：86-87；90.

[20] 田艳. 浅析无人机倾斜摄影测量技术及应用[J]. 华北自然资源，2020（5）：77-79.

[21] 曹宁. 无人机倾斜摄影测量技术在大比例尺测图中的应用及精度评价[J]. 测绘与空间地理信息，2020，43（8）：174-176.

[22] 柳静. 无人机倾斜摄影测量三维模型绘制大比例尺地形图精度研究[D]. 西安：西安科技大学，2018.

[23] 焦旺. 基于倾斜摄影数据的大比例尺地形图制作方法研究[D]. 西安：西安科技大学，2020. DOI:10.27397/d.cnki.gxaku.2020.001043.

[24] 邢晓平. 无人机倾斜摄影测量在大比例尺地形图测图中的精度分析及应用研究[D]. 青岛：山东科技大学，2020. DOI:10.27275/d.cnki.gsdku.2020.001477.

[25] 刘双群. 基于无人机的大比例尺地形图快速生产方法研究[J]. 测绘与空间地理信息，2022，45（7）：257-260.

[26] 泮建伟. 基于无人机倾斜摄影的1：500地形图要素更新应用研究：以浙江松阳县为例[J]. 测绘与空间地理信息，2021，44（10）：211-214.

[27] 金伟，葛宏立，杜华强，等. 无人机遥感发展与应用概况[J]. 遥感信息，2009（1）：88-92.

[28] 杨国东，王民水. 倾斜摄影测量应用技术及展望[J]. 测绘与空间地理信息，2016，39（1）：13-15；18.

[29] 陈娇. 无人机航摄系统测绘大比例尺地形图应用研究[D]. 昆明：昆明理工大学，2013.

[30] 李莲，郭忠磊，张琼. 无人机倾斜摄影测量技术在城市基础测绘中的应用[J]. 测绘地理信息，2020，45（6）:72-74.DOI:10.14188/j.2095-6045.2020177.

[31] 唐治海. 无人机倾斜摄影测量在大比例尺地形图中的应用[J]. 江西测绘，2020（3）：32-35；39.

[32] 李春锋，金路. 无人机航摄系统测绘大比例尺地形图应用[J]. 中阿科技论坛（中英文），2020（8）：75-77.

[33] 马学峰，张源，屈利娜，等. 无人机倾斜摄影测量在大比例尺地形图测量中的应用[J]. 科学技术创新，2020（15）：27-29.

[34] 程晓. 无人机倾斜摄影在大比例尺地形图测绘中的应用和精度分析[J]. 城市建设理论研究（电子版），2020（14）：83.DOI:10.19569/j.cnki.cn119313/tu.202014068.

[35] 莫寅. 基于无人机倾斜摄影测量的大比例尺地形图测绘方法[J]. 北京测绘，2020，34（1）:79-82.DOI:10.19580/j.cnki.1007-3000. 2020. 01.016.

[36] 王春敏. 无人机倾斜测量技术在大比例尺地形测绘中的应用研究[J]. 测绘，2018，41（2）: 86-88.

[37] 王成，施宇军，权菲，等. 无人机倾斜摄影测量土方量测算及精度评价[J]. 测绘通报，2022（8）: 139-142；159. DOI:10.13474/j.cnki.11-2246. 2022.0246.